温尼科特心理治疗经典译丛

游戏与现实
PLAYING AND REALITY

原著　D. W. Winnicott
译者　卢　林　汤海鹏

北京大学医学出版社

YOUXI YU XIANSHI

图书在版编目（CIP）数据

游戏与现实 /（英）温尼科特（Winnicott）原著；
卢林，汤海鹏译. —北京：北京大学医学出版社，2019.10（2024.12 重印）
书名原文：Playing and Reality
ISBN 978-7-5659-2045-5

Ⅰ. ①游… Ⅱ. ①温… ②卢… ③汤… Ⅲ. ①精神分析 Ⅳ. ① B84-065

中国版本图书馆 CIP 数据核字（2019）第 180608 号

北京市版权局著作权合同登记号：图字：01-2014-4681

PLAYING AND REALITY by D. W. WINNICOTT
Copyright：©1971D. W. Winnicott
This edition arranged with THE MARSH AGENCY LTD.
Through BIG APPLE AGENCY, INC.，LABUAN，MALAYSIA.
Simplified Chinese edition copyright：
2019 Peking University Medical Press
All rights reserved．

游戏与现实

译　　者：卢　林　汤海鹏
出版发行：北京大学医学出版社
地　　址：（100191）北京市海淀区学院路 38 号　北京大学医学部院内
电　　话：发行部 010-82802230；图书邮购 010-82802495
网　　址：http://www.pumpress.com.cn
E-mail：booksale@bjmu.edu.cn
印　　刷：中煤（北京）印务有限公司
经　　销：新华书店
责任编辑：董采萱　　责任校对：靳新强　　责任印制：李　啸
开　　本：880 mm × 1230 mm　1/32　印张：7.125　字数：151 千字
版　　次：2019 年 10 月第 1 版　2024 年 12 月第 3 次印刷
书　　号：ISBN 978-7-5659-2045-5
定　　价：58.00 元
版权所有，违者必究
（凡属质量问题请与本社发行部联系退换）

中文版序一

最温柔的男人

温尼科特（D. W. Winnicott）让我想起精神分析中的一个解释：为什么世界顶级大厨鲜有女性？因为厨房和食物是乳房的象征，而早期的男女都是需要母亲的乳房的，后来女性自己有了乳房，而没有乳房的男性怅然若失，特别是那些早年缺乏母爱的孩子，更是心神往之。对于男性，一个解决之道就是立志到米其林星级餐馆当大厨去，为各路饕餮提供鲜美食物，因为厨房本身就是个硕大的乳房的意象。

温尼科特对母婴关系的观察细致入微，有如上面男性大厨与乳房的关系，在我看来也是有着类似象征意义的。他本人先是当了多年的儿科医生，然后开始了精神分析的训练，接受弗洛伊德弟子斯特拉齐（John Strachey）和里维埃（Joan Riviere）的分析。所有这些训练并没有让他停留在经典的弗洛伊德理论中，也没有使他陷在当时自我心理学的包围之中，他根据自己的临床实践提出很多有实际意义的见解，发展出客体关系理论中极富特点的理论。比如，被视为病理性的"退行"在他看来却是治疗的契机，他打破传统精神分析的"节制"，对儿童进行治疗时根据治疗的需要接触儿童（拥抱）或者延长治疗时间。他还制造出许多我们现在经常挂在口头上的名词，比如"刚刚好的母亲"（good enough mother；曾奇峰的翻译，我极同意）、"过渡性客体"等。

温尼科特跟父亲在一起的时间并不多，正如他自己说的："他绝大部分时间把我扔给了我的妈妈们。"温尼科特与母亲和两个姐姐的感情甚好。除了母亲和姐姐，他还有一位保姆、一位女教师和一位经常住在他家的姑姑。他也认为自己是"一个有多位'母亲'的独生子"。可以说，温尼科特是精神分析界的"贾宝玉"，他9岁照镜子看见自己的脸说："它太友善啦！"

温尼科特著述甚丰，有人曾描述温尼科特是在出版（published）和未出版（unsaid）之间完成著作的。

本次出版的四本书——《婴儿与母亲》《游戏与现实》《家庭与个体发展》《人类本性》，对于大众而言，既可以是专业书籍，也可作为"育儿圣经"。书里面的文字平实无华，但阅读时常有拍案叫绝的冲动。

在《婴儿与母亲》一书中，温尼科特描述了对一个4岁的精神分裂症男孩的观察："在我的治疗室里，他玩着再次出生的游戏，他坐在母亲的膝部，将母亲的腿向外拉直，并沿着她的腿一直往下滑到地上。这个游戏，他做了一遍又一遍，这是源于与母亲特殊关系的一种很特别的游戏……这个游戏涉及象征手法，它将所有普通正常人喜欢做的事情结合了起来，它还结合了梦里出现的出生方式。这是这个男孩对出生的直接记忆吗？实际上不是，因为他是剖宫产出生的……" 在此，我们看到，温尼科特的治疗是游戏和观察式的，他将孩子的所有表现（即便是诊断为精神分裂症）都视为有意义、有联系的行为，并尝试去理解它。

在《游戏与现实》一书中，温尼科特描述了一个"无定型区域"的概念，那是来自对一个中年妇女的梦进行分析的内容。温尼科特指出，以未定型布料在成型、被裁剪和塑造以及组合之前的形态出现在梦中，使这位妇女回忆起童年的经历，在她童年时没有一个人可以理解她，这使她不得不从无定型的状态开始。

在《家庭与个体发展》中，温尼科特描述道："读者可能会说，很多母亲自己就很糟糕，她们通过易激惹或其他更直接的方式将自己的性挫折传递给婴儿……我要说当照料婴儿或儿童的人是神经质或近精神病的（很多人是这样的），他们就不可能被教导，我们的希望在那些或多或少仍正常的人身上……"温尼科特在此对母亲的神经质是包容和理解的，他指出了一个残酷的现实，那就是医护人员和保姆等照料者往往成为母婴创伤的一个重要来源。在网络时代，我们有机会看到那些不称职的照料者——保姆——甚至是残酷地对幼小的婴儿进行虐待。

在《人类本性》一书中，温尼科特指出，婴儿在子宫内意识到母亲的呼吸，然后在子宫外意识到母亲的呼吸，最后是意识到自己的呼吸。温尼科特关注心身的观点，认为出生时的躯体感受会持续终身。

虽然，温尼科特作为精神分析师写出了大量理论性的书稿，但从他的字里行间中可以看出他对婴儿、儿童与他们母亲之间互动的仔细观察以及对其中现象的理解。这是基于温尼科特对人性的兴趣和一种回到母婴关系的动力所促成的，也是一种对理想母婴状态期待的结果。

  如果说弗洛伊德是母亲的儿子,他一辈子都在向父亲致敬,难以逾越;温尼科特则作为象征性父亲,理解了母亲,看到了孩子,代言了婴儿,呈现出父亲角色的核心——温和有力、宽厚包容。他可以说是最温柔的男人!

施琪嘉
2016 年 3 月 1 日于西安

中文版序二

温尼科特，刚刚好

2009年，在武汉中德心理医院的会议室里，我们初识温尼科特，到今天一晃7年过去了。温尼科特这四本书来得刚好，就像温尼科特这个人和他的理论一样。

弗洛伊德的书当然大家都在读，无论是真感兴趣，还是要获得一种认同。但不是每一个精神分析理论家的书都能获得"必读"的地位。一些精神分析理论家曾经产生过巨大的影响，例如卡尔·亚伯拉罕（Karl Abraham），但是今天读他所著书籍的人已经不多。另一些精神分析理论家的影响局限在某一个文化共同体内，如自我心理学（Ego Psychology）主要在北美产生影响，而雅克·拉康（Jacques Lacan）的影响则局限于法国和南美。但是，温尼科特提出的概念、理论和思想似乎在全世界范围内都是"免签证"的：盎格鲁-撒克逊精神分析圈的人在读，拉丁系精神分析圈的人也在读，现在在东亚圈里也炙手可热。尤其是今年中国的"二胎"政策开放以来，微信朋友圈里满是温尼科特的文章翻译和导论性质的微课，我也凑热闹讲过一次，听众居然接近2500人！不知道当年温尼科特在英国广播公司（BBC）的公开讲座会有多少人同时聆听。

温尼科特为人处世的方式刚刚好。他没有特别强的执念,也并非没有自己的原则,没有像梅兰妮·克莱恩(Melanie Klein)一样的圈子,但是也没有由于要搞好各种关系而失去自己的个性,到头来其实他的"圈子"并不小。法国的 Andre Green,美国的 Thomas Ogden、Michael Eigen 和 Christopher Bollas(后移居英国)等都挺"粉"温尼科特的。他的性格也刚刚好,没有明显的人格问题,也没有高尚到要上神坛,比较符合"中庸之道"。顺便提一下,我当时试译温尼科特时,对他的生平没有很多了解。2013 年我在香港住的时候,从香港大学图书馆读过 F. Robert Rodman 所著的 *Winnicott: Life and Work* 一书,看后对他的生平有了更多了解。我当时在想,把温尼科特的著作译成中文该多好!后来没过多久,就在诚品书店里看到了台湾学者译出的繁体版。之后我又想,早点推出大陆简体版该多好。没想到现在这个简体版也要上市了!真是越来越"温热"啊!

温尼科特的理论也来得刚刚好。他既重视母婴之间的互动,也重视主体内在的精神结构;既重视分析双方的实际关系,也重视诠释的深度。所以他的理论不仅能跟很多精神分析家的理论"无缝对接",也能跟很多文化有"预先的和谐关系"。我想这就是他在中国越来越受欢迎的原因吧。此外,温尼科特表述理论的方式也是刚刚好的,平易近人又不失深刻隽永,大部分著作整理自演讲,读起来也如师在侧、如友在邻。

来,我们一起读温尼科特。

张沛超
2016 年 3 月 24 日于深圳

中文版前言

与温尼科特相遇

2003年，施琪嘉老师递给我一本英文原版的《游戏与现实》，说："把第3章翻译出来，我讲课要用。"我花了1周时间把第3章翻译出来，并趁机翻看了全书。我深深地被这本书吸引，感觉受到很大的触动。1周后，我把译文与原书一同交还给施教授，一点都没有觉得日后自己会成为这本书的译者。与其他心理学大师一样，温尼科特被我放在心中的神坛上供奉着、祭拜着。许多年后，当师弟汤海鹏和我谈到他希望翻译这本书，但担心找不到出版社，问我有没有这样的关系时，我出于助人的目的，帮他联系了北京大学医学出版社的冯智勇老师。冯老师慧眼识书，认为这是极有价值的书，温尼科特也是非常有学术地位的分析师。他和他的同事董采萱老师、药蓉老师赋予本书极大的热情，鼓励我们翻译一套书，哪怕是从温尼科特的诸多著作中选择几本也可以。就这样，我们不知天高地厚地开始了这四本书的翻译，甚至忽视了自己的英文和中文水平有限，从此开始了感动与痛苦的几年！

很多施老师的研究生都曾经参与过这几本书的翻译，但最初的译文过于粗制滥造。我们曾经有一段时间每周二晚上在武汉中德心理医院的会议室聚会，讨论我们觉得有争议的句子。

温尼科特书中的很多独创词汇，或虽常用但被他改变了意义的词汇，以及他发散性的思维和不聚焦的写作方式，都让我们非常有挫败感。翻译组的人几经更迭，译稿也反复重写，我们仍担心会不会搞错了温尼科特的原意，弄得老爷子半夜从坟墓里爬出来朝我们怒吼——"你们瞎译"。我们渐渐发现自己的中文也学得不够好，因为有时候理解了温尼科特的意思，却很难用合适的中文写出来。我们几次想要放弃，但出版社的几位编辑却在百忙之中一直鼓励我们坚持，这使我们能够在各种挫败中最终完成了翻译工作。真的，此刻我最想感谢的就是这几位编辑——冯智勇、董采萱和药蓉老师，尤其是董老师，她一直持续地鼓励着我们，并多次通过邮件和视频与我讨论各种困难及具体细节。我想我欠董老师一碗热干面和一份豆皮！当然，还要感谢出现在我们译者名单中的各位老师，以及曾经参加翻译的李航老师、刘文婷老师等。

我们做了一件力所不能及的事，译文中难免尚存诸多遗憾，如果有机会再版，当全力修改。但能勉为其难地第一次把温尼科特的著作用中文简体版呈现给喜欢温尼科特的各位读者，我们在羞愧中也感到自豪，因为这可以帮助中国的读者与温尼科特在"过渡性空间"里相遇。

最后我要感谢在修稿令我感到无比痛苦、烦躁甚至愤怒的夜晚无限包容我的家人！

在结束这篇前言之前，董老师告诉我她查的这四本书的出版顺序是：《家庭与个体发展》（1965年）→《游戏与现实》（1971年）→《婴儿与母亲》（1987年）→《人类本性》（1988

年)。作为中文简体版的译者之一,我建议大家阅读的顺序是:《婴儿与母亲》→《游戏与现实》→《家庭与个体发展》→《人类本性》。这样的顺序也许能帮助大家更容易进入到一个"过渡性空间"和温尼科特相遇。

卢 林

2016 年 3 月 12 日于伦敦

原著前言

本书是对我的论文《过渡性客体和过渡性现象》(1951)的一个延展。尽管有些重复，但我还是坚持首先重述这一基本假设，然后再介绍我的个人思考以及对临床材料评估的一些进展。回顾近十年，我深深地感到，在分析师有关精神分析的谈话和文献中，概念化这一领域被忽略掉了。个体的心理发展和成长经历这一领域似乎也被忽视了。研究者更加关注个体和个体内在的心理现实，以及内部与外部或者共有现实的联系上。在分析者的作品和思考中，我们找不到文化体验的真实位置。

显然，在哲学家的作品中，我们可能看到这些中间领域已经得到了重视。譬如，神学中关于"变体问题"的不断争论就是一种特殊的形式，在被称作玄学派诗人（Donne等）的作品中也呈现出了完整的势态。在对婴儿和孩童的研究中，我逐渐形成了自己的方式——在思考一些现象在孩子生活中的位置时，我认为我们必须认识到小熊维尼的中心地位。我非常高兴能为Schulz的动画"豌豆"提供参考，不过就如同这本书中所涉及的普遍现象一样，我想这些或许也只能适用于那些关心想象和创造生活魔力的人。

也许，我注定就是一个精神分析学家，而且可能由于我最早是位儿科专家，所以我特别信仰"我们一直在发展"的理论。我希望把这种普遍现象放在婴儿和孩童的生活中，并融入我自己的观察中。

我相信,现在人们已经普遍认识到,我的这部分作品中所涉及的并不只是婴儿使用了布片和泰迪熊——重要的不是婴儿使用了客体,而是婴儿如何使用客体。我想提醒大家注意的是,婴儿使用的这种被我们称为过渡性客体、看起来似乎有点"矛盾"(paradox)的东西。我致力于使这种"矛盾"能够被接受、被容纳和被尊重,同时不被排除。使用分裂的机制有可能解决这种"矛盾",但代价可能是丧失了这种"矛盾"本身的价值。

这种"矛盾"一旦被接受和容纳,它对人类每个个体的价值是:对于生活在这个世界上的人来说,可以无限扩展把自己的过去和将来相互联系的能力。这也就是我在这本书中所关注的基本理论的扩展。

在本书的写作过程中,我发现不断地举出与之相关的例子来描述过渡性现象会让我觉得很为难。我在以前的文章中已经谈过原因,即样本量有限,同时我采用的是一个非自然和武断的分类过程,但是我所指出的现象却是普遍和多样的。这就像我们在形容眼睛、鼻子、嘴巴和耳朵的样子时,会以为是在形容脸的样子,但实际上没有两张脸是完全相同、哪怕是相似的。在静止的时候,两张脸或许很相似,但一旦生动起来,其实会很不一样。不过,除开为难的这一部分,我认为我的发现还是有贡献的。

因为我所涉及的这个问题属于人类的早期发展阶段,这里有广阔的临床领域等待着我们去探索。譬如 Olive Stevenson (1954) 的研究,这个研究是 Stevenson 女士作为儿童护理专业的学生在伦敦经济学院学习经济时完成的。Bastiaans博士告诉我，在荷兰的医学教育中，了解孩子成长史时要向父母询问过渡性现象和过渡性客体，这已经纳入到他们的常规训练中。这些事实应该对我们有所启发。

很自然，所探索出的事实需要被解释，如果想要全面地运用所获得的信息以及对婴儿行为的直接观察资料，需要把这些与理论进行联系。这样，同样的事实在不同的婴儿行为观察者那里会有不同的意义。然而，不论是通过直接观察还是间接调查，这都是一个有前途的领域，学生时不时会被带到这块严肃的领域里，慢慢意识到早期的客体关系（object-relating）和象征形成（symbol-formation）中的复杂性和重要性。

我知道关于这些问题已经有一个正式的研究正在进行，我希望读者们都来期待这个领域研究成果的诞生。罗马的Renata Gaddini教授直接观察了三个社会组，进行了一项对过渡性现象的细致研究，在观察的基础上她也已经开始形成自己的观点。我也发现了一些Gaddini教授使用"初期形成"这个观点的价值，例如她列举了一些十分早期的例子——"拳头、手指及拇指吸吮和舌头吸吮，以及所有与替代品和抚慰物有关的复杂现象"，这些例子包括了全部早期使用的客体。她还提出了晃动的问题，这个晃动包括孩子躯体的节律性运动和他们在摇篮里及大人怀抱里的晃动。拔头发是另一个同类现象。

还有一位尝试研究过渡性客体的人是旧金山的Joseph C. Solomen，他在论文《固定的想法是一个内化的过渡性客体》（Fixed Idea as an Internalized Transitional Object，1962）中提出了一个全新的观点。我不能确定我和Solomen教授的观点有多大的一致性，但重要的是，当我们手边有了过渡性现象这样一个理论时，我们就可以用新的视角来看待许多老问题。

我的贡献需要与这样一个事实相联系，即我现在并没有对婴儿进行直接的临床观察，而对婴儿直接的临床观察是形成理论的主要基础。我仍然关注父母的描述，如果我们知道如何给父母机会用他们自己的时间和方式回忆，这些父母就能够描述出他们和孩子相处的体验。我也依然关注孩子们自己提及的对他们自己有重要意义的客体和技能。

原著致谢

我要感谢 Joyce Coles 夫人在原稿准备过程中提供的帮助。

感谢 Masud Khan 对我写作方面的建设性指导，每当我需要建议的时候，他总是能够帮到我。

同样，我也要向我的病人表达感激。

已经发表的这些材料能够再版，我还要感谢以下诸位：《儿童心理学与精神病学》（*Child Psychology and Psychiatry*）的编辑、《论坛》（*Forum*）的编辑、《精神分析国际期刊》（*International Journal of Psycho-Analysis*）的编辑、《儿科医学》（*Pediatrics*）的编辑、Peter Lomas 博士和伦敦 Hogarth 出版公司。

目 录

1. 过渡性客体和过渡性现象 1
2. 梦境、幻想和生活——一个描述原始分离的历史案例 35
3. 游戏——理论的陈述 49
4. 游戏——创造性活动和自体的寻找 70
5. 创造力和它的起源 88
6. 客体的使用以及通过认同产生的关系 116
7. 文化经历的位置 128
8. 我们生活的处所 140
9. 儿童发展中母亲和家庭的镜像角色 149
10. 来自交互认同而非本能驱力的相互关系 160
11. 当代的青少年发展观念及其对高等教育的启示 187

尾声 204

参考文献 205

1 过渡性客体和过渡性现象

在这一章里我将提到一个我在1951年形成的假设,以及我研究的两个临床案例。

I 原始假设[①]

众所周知,婴儿一出生就会试图使用拳头、手指或者拇指刺激他们的口唇地带,来满足这个区域的本能感受,并且进入一个安静的合并状态。我们也知道在出生几个月之后,无论什么性别的婴儿,都会开始喜欢上玩具;同时,大多数母亲允许她们的孩子有一些特别的玩具(即客体),并期待他们着迷于这些客体。

被时间间隔开的两种现象之间存在着某种联系,研究前者如

[①] 发表于《精神分析国际期刊》(*International Journal of Psycho-Analysis*)第34卷第2部分(1953),被收入温尼科特的《文集:从儿科学到精神分析》(*Collected Papers: Through Paediatrics to Psycho-Analysis*,1958a)中,伦敦 Tavistock 出版社。

何发展到后者使我们获益良多。现在我们可以更好地使用那些被我们以前所忽视的重要临床资料了。

第一次拥有

如果恰巧有机会密切接触母亲的兴趣和问题，我们就能够看到婴儿在使用第一个非我拥有物的时候所展现出的丰富的模式。这些模式一旦被呈现出来，就可以被直接观察到。

从新生儿的"拳头放嘴里"行为到其导致新生儿最后对泰迪熊、洋娃娃、软玩具和硬玩具依恋（attachment）的过程中，我们能察觉到丰富的变化。

口唇的兴奋和满足十分重要，这是所有其他事情的基础，但我们还是可以发现另外一些因素也很重要并值得研究，总结如下：

1. 客体（object）的特性。
2. 婴儿认识"非我"（"not-me"）客体的能力。
3. 客体的位置——外部、内部、边缘。
4. 婴儿创造、构想、设计、发明和制造客体的能力。
5. 亲密客体关系的起源。

我用"过渡性客体"和"过渡性现象"这两个术语来命名体验的中间区域，包括在拇指和泰迪熊之间，在口欲满足和真实的客体关系之间，在原始的创造性行为和已经被内射了的投射之间，在原始的无意识获益和承认获益之间（说"ta"）。

婴儿牙牙学语，大一点的孩子在睡觉前反复哼唱歌曲和调子，儿童通过这样的方式来确定自身与外部世界。同时，在成长过程中，婴儿不断使用不属于其自身身体部位的某些客体，但这时，婴儿还不能完全认识到他们属于外部世界。这些都属于过渡性现象这个中间区域。

表述人类天性的常见不足

普遍认为关于有意识和无意识的所有幻想与功能，包括被压抑到无意识的部分，即使是富于想象力的详尽阐述，若只从人际关系的角度来论述人类天性也是不够的。在过去二十年的研究中，我们发展出另外一种描述人类的方式。每一个个体被限制性膜分成内部和外部，我们也可以说每个个体都有一个内部现实（inner reality）。一个人的内部世界可以是富饶的，也可以是贫瘠的；可以是和平的，也可能是充满战争的。以上这些都是有用的，但是仅有这些就足够了吗？

我要声明的是，我们既需要对内部、外部的双重陈述，也需要对第三部分进行阐述：人类生活的第三部分是一个我们不能忽视的部分，是一个内部现实和外部生活都对之有贡献的中间体验区域。这是一个还没有被论述过的区域，是一块璞玉，除了作为个体忙于永久地区分内部和外部现实关系的休息地之外，它的价值还没有得到应有的重视。

我们通常会提到"现实检验"（reality-testing），并且仔细辨明统觉（apperception）和知觉（perception）。我要在这里表明：婴儿从无能到成长为有能力并接受现实的过程中，是有一个中间状态的。因此，我开始研究幻觉（illusion）的实质。对婴儿来说，幻觉是正常的。在成人的生活中，幻觉则被转化为艺术和宗教信仰。不过如果一个成人强烈地声称他人受骗，并且强迫别人和他（她）一起分享他（她）的幻觉时，他（她）就会被贴上精神病的标签。我们可以分享这种幻觉体验（illusory experience），如果愿意，我们甚至可以聚集到一起，并在类似的幻觉体验的基础上形成团体。这是人类群聚的自然基础。

我要讲清楚的是，我并不是特指小孩子的泰迪熊或者婴儿首先使用的拳头（拇指、手指）本身。我并不是着重研究客体关系中的第一个客体，我关注的是在主观与可被感知的客观之间的中间区域里婴儿的第一个拥有物。

个人模型的发展

关于"手到口""手到生殖器"的发展，我们在精神分析文献中能找到大量的参考资料，但关于婴儿更进一步处理真实的"非我"客体的文献报道就很少见了。婴儿的发展中迟早会出现把另外的"非我"客体整合到其个人模型里面的趋势。这些客体在一定程度上代表着乳房，不过现在我们并不重点讨论这一点。

在一些例子中，婴儿转动前臂，用手指去抚弄脸部的时候恰好把手指放入了口中。口唇就与拇指有了积极的关系，而不是与其他的手指有联系。用手指去抚弄上唇或其他部分或许比拇指和口唇的接触更为重要。此外，我们会进一步地发现，即使没有"口-拇指"行为的直接连接，这种抚摸行为也可以单独发生。

在日常经验中会出现下面的某一种现象，这些现象使自体性欲（诸如"拇指吸吮"）的体验复杂化：

1. 婴儿用另外一只手拿着一件外部客体，比如一条毛毯或者被单的一角，这一外部客体随着其他手指被放进口里。
2. 不知怎的，一小片布被抓住和吸吮，或并没有实际被吸吮；这些曾被使用过的物品包括很容易拿到的小毛巾和手帕。
3. 在前期的几个月里，婴儿就开始拔除丝织品上的毛，并且把它们收集起来，这成为婴儿抚摸行为的一部分。不太常见的是，婴儿会吞掉这些毛，甚至会造成麻烦。
4. 嘴动出现了，伴随着"妈——妈"、牙牙学语的声音、含混不清的语音、肛门排气的噪声、第一个音符等，诸如此类。

有人猜想这些功能性的经历和思考与想象有关。

所有这些事情我都称之为过渡性现象，而且除了所描述的这些之外，（如果仔细观察一个婴儿，）我们还会发现一些现象，包括在角落里的一束毛毯或鸭绒垫上的毛，或者一个词或调子，或者一种特殊的习惯。这些对于婴儿入睡十分重要，同时婴儿会使用这些方式来对抗焦虑，特别是带有抑郁性质的焦虑。那些被婴儿使用过的柔软的物品和其他类型的物品,被我称为过渡性客体。对婴儿而言,这些物品逐渐变得非常重要。父母也慢慢认识到它的价值,会带上它一起去旅行。母亲甚至在它很脏、有气味时也不去清洗,因为她知道这样做会破坏婴儿体验的连续性,这种中断会损毁这个物品对婴儿的意义和价值。

  我认为过渡性现象的模式可能出现在婴儿4～6个月、6～8个月和8～12个月期间,(请大家注意)我特意预留了广泛变化的空间。

  这种起源于婴儿期的模式会持续到儿童期。因为在上床前、在孤单的时候,或是在受抑郁情绪威胁的时候,最初的这些柔软物品的持续存在对婴儿来说是十分必要的。在健康状态下,这些将逐渐扩展到有益的区域。最终,这种扩展将持续下来,即使当抑郁性焦虑来临时。当以后的生活中出现被剥夺的威胁时,这种早期对客体的需要和行为模式将会再次出现。

  这种第一次拥有与起源于婴儿早期的技巧紧密相连,这种早期的技巧可能包括或不包括更直接的自体性欲行为。婴儿在随后的生活中逐渐开始需要泰迪熊、洋娃娃和坚硬的玩具。男孩子倾向于反复玩坚硬的玩具,而女孩子则倾向于拥有一个家庭。但是,非常重要的一点是:在使用最早的被称为"过渡性客体"的"非我"拥有物时,男孩和女孩是没有什么区别的。

  当婴儿开始使用"mum""ta""da"这类有组织的音节时,语言上的过渡性客体就出现了。婴儿对这些最早期客体的命名是很重要的,这些音节通常是成人使用过的语言的部分再现。例如,"ba"可能是个命名,它出自于成人使用的单词"baby"

或者"bear"。

应该注意到,有时除了母亲本身以外是没有别的过渡性客体的。这种现象可能使婴儿的情绪发展过程受到极大的困扰,以至于无法享受过渡阶段,或者是过渡性客体的连续性被中断,但这种连续性仍然以一种隐蔽的方式被保留着。

关系中客体特质的小结

1. 婴儿设想自己可以控制客体,我们也会支持这种设想。然而,全能感(omnipotence)的消退是开始的一个显著特点。
2. 客体被深情地搂抱与被热切地爱和损伤是一样的。
3. 除非被婴儿改变,否则它决不可以改变。
4. 它必须经受本能的爱和恨。如果攻击是一种特质的话,也要经受纯粹的攻击。
5. 它必须使婴儿感到温暖、可移动或有质感,或让婴儿感到这些物品是有生命的,是现实的。
6. 它不来自于我们的视角,也不完全来自于婴儿的视角。它不来自于内部,它也不是幻觉。
7. 它的命运是逐渐地失去婴儿的投注(decathected),在这几年的过程中它没有被遗忘,但可能悬而未决。通过这些,我意识到对于健康人,过渡性客体没有"进入内部",也不必忍受压抑。它没有被忘记和哀悼,它只是失去了意义,因为过渡性现象变得弥散,它变得充满了整个"内部心理现实"和"被两人共同察觉的外部世界"之间的中间区域,也就是说,它充满了整个文化领域。

在这一点上,我的主题扩大到了对一些领域的理解,诸如游戏、艺术创作和欣赏、宗教情感、做梦,同时还有恋物癖、撒谎和偷窃、情感的起源和丧失、药物依赖、带有强迫性质的避邪物等。

过渡性客体与象征的关系

显而易见,一块毛毯(或别的什么)是部分客体的象征,例如乳房。然而,重点不在于它的象征价值,而在于它是真实的。尽管是真的,可它不是乳房(或者母亲),而是乳房(或者母亲)的重要代表。

当象征被使用的时候,婴儿已经可以清晰地辨明幻想与现实、内部和外部客体、原始创造和知觉。我想说:过渡性客体给婴儿提供了一个空间来接受差异和共性。我想这个术语描述了象征主义根源,是一个对婴儿由主观到客观发展的描述;在我看来,过渡性客体(诸如毛毯)就是通往体验的发展旅程上的必经之物。

即使我们没有完全理解象征的本质,也能理解过渡性客体。似乎只有在个体成长的过程中才能更恰当地研究象征,而且象征有着不同的含义。例如:如果我们认为天主教圣餐中的圣饼是基督身体的象征,那么它在罗马教会中象征着躯体,在新教徒中象征替代品和纪念品,而不是实际的躯体。但是对于他们而言，它都是一种象征符号。

过渡性客体的临床描述

只要是与父母和孩子有接触的人，都会见到各种难以计数的临床实例。希望下面的案例能让读者联想到自己类似的经历。

两兄弟：对早期拥有物使用的对比

对过渡性客体使用的扭曲。X，现在是一个健康的男性，在通向成熟的路上曾经艰难地努力。X 的母亲在养育他的同时学会了怎样养育幼儿，这也让她学会了避免在其他孩子身上出现某类错误。当时也有外部原因，即他的母亲在他出生时因为必须独自照顾他而十分焦虑。她十分认真地承担母亲的职责并且用母乳喂养了他 7 个月。她感到这对于 X 而言时间太长，但他还是很难断奶。他从来不会吸吮拇指和手指，这使他在断奶以后"没有任何东西可以让他过渡"。他从来没有被奶瓶、奶嘴或者其他代替品喂养。他对母亲本人有着强烈和早期的依恋，他所需要的就是母亲。

从 12 个月开始他接受了一个可以拥抱的小兔子，他的情感最终转移到了真实的兔子身上。这只特殊的兔子一直陪伴他到五六岁。兔子可以被形容成一个安慰品，但它从没有真正具有过过渡性客体的特点。他从来没有拥有过一个比母亲更重要的、对婴儿来说密不可分的、真正的过渡性客体。在这个实例中，这名男孩在 7 个月断奶后产生焦虑，并引发了哮喘，他在以后的生活中逐渐战胜了这个疾病。对他来说，在离故乡很远的地方找份工作是十分重要的。他对母亲的依恋依然十分强烈，尽管他处于广义的"正常"和"健康"的范围之内。他一直没有结婚。

过渡性客体的典型使用。X的弟弟Y，在整个成长过程中十分顺利。他现在有3个健康的小孩。他被母乳喂养了4个月，然后毫无困难地断奶了。Y在最初的几个星期就开始吸吮拇指，这使"他断奶比他的兄弟容易一些"。在断奶后不久，第5~6个月的时候他接受了被缝合好的毛毯的末端。如果从毛毯的一角伸出一小撮羊毛，用来搔鼻子的时候他会十分高兴。当他开始能够组织音节时，就为自己发明了一个词，即他早期使用的"baa"。他1岁时就可以用一件柔软的带有红色领带的绿色运动衫来替代毯子的末端。这不同于上文提到的抑郁哥哥的"安慰品"，而是另一种"安慰品"。它是持续起效的止痛剂。这是一个我称之为"过渡性客体"的典型例子。当Y还是一个小孩子的时候，可以确定的是如果有人给了他的"baa"，他会立即吸吮它并且缓解焦虑。实际上，他可以在睡觉时间里迅速进入梦乡。吸吮拇指的行为也持续存在，一直到他三四岁的时候，并且他对拇指吸吮和吸吮的地方变成很硬的一块印记记忆犹新。作为一个父亲，他现在对自己小孩的拇指吸吮行为和"baa"音节的运用也十分感兴趣。

我从一个普通家庭的七个小孩的故事中得到了如下重点，列表比较如下：

		拇指	过渡性客体		孩子的类型
X	男孩	0	母亲	兔子（安慰品）	依恋母亲
Y	男孩	+	"baa"	运动衫（安慰品）	自由
双胞胎	女孩	0	奶嘴	驴子（朋友）	晚熟
	男孩	0	"ee"	ee（保护）	潜在精神病性
Y 的小孩	女孩	0	"baa"	毛毯（安心）	发展良好
	女孩	+	大拇指	大拇指（满足）	发展良好
	男孩	+	"mimis"	客体（分类）*	发展良好

*注：我只是按照以前的记录呈现，并不清楚是什么。

搜集历史信息的价值

在向父母请教时，经常可以得到有价值的关于家庭中孩子早期技能和拥有物的信息。这使母亲开始比较她的孩子们与其他孩子的差别，并且记住和比较他们早期的个性特点。

孩子的贡献

我们可以经常得到关于孩子的过渡性客体的信息。例如：

安格斯（Angus，11岁9个月大），告诉我他的兄弟"有许多泰迪熊和玩具"，而且"在那之前他还有小熊"，谈到这部分时他接着开始谈他自己的成长历史。他说他从来没有过泰迪熊,只有一个他可以持续触碰到的绳子悬挂在那里,他会碰碰绳子末端的标签让自己安然入睡。或许最后标签掉了,这个行为就结束了。不过那里还有些别的东西帮助他睡觉。他谈到它时十分害羞。那是一只红眼睛的紫色兔子。"我对它没有兴趣。我通常是把它扔在一边。现在它是杰里米(Jeremy)的了,我把它送给了他。我把它给杰里米是因为它很淘气。它会从衣柜的抽屉里掉出来。它现在仍然会来看我。我很喜欢它回来看我。"当他画出了这只紫色兔子的时候,自己也很惊讶。

将要强调的是这个 11 岁的小男孩有着良好的现实体验,但当他谈到兔子时,对这个过渡性客体的特性和活动的描述却缺乏现实感。他的母亲从他的画中认出了这只兔子,她很惊讶安格斯还记得这只兔子。

现成可用的例子

经过考虑,在这里我没有提供更多的实例,但我不想给人造成实例很少的印象。实际上,在每一个个案历史中我们都可以见到与过渡性现象相联系的部分,或者是这一部分的缺失。

理论研究

这里有一些在已认可的精神分析理论基础上的说明:

    1. 过渡性客体象征乳房,或者是最先与儿童建立联系的客体。
2. 过渡性客体发生于现实检验建立之前。
3. 通过与过渡性客体建立联系，婴儿从（魔法般的）全能控制感过渡到技巧性的操作控制（包括肌肉性欲和协调快乐）。
4. 过渡性客体最后可能发展成恋物癖的对象，并且持续到成人性生活中，成为性生活的特点[参见 Wulff（1946）的发展主题]。
5. 过渡性客体可能因为肛门的欲望机制而象征粪便（但过渡性客体不是因为这个原因才变得难闻和脏兮兮的）。

与内部客体的联系（Klein）

把"过渡性客体"的概念和梅兰妮·克莱恩（Melanie Klein, 1934）的"内部客体"的概念做比较是件有趣的事情。过渡性客体不是一个内部客体（这是一个心理化的概念），而是一个拥有物。但是对于婴儿来说，它也不是一个外部客体。

下面是一个复杂的说明。当内部客体是生动、现实和足够好（不太具有迫害性）的时候，婴儿可以使用一个过渡性客体，但是这个内部客体的特性是依赖于外部客体的存在、活力以及行为的[2]。后者的一些重要功能的丧失将间接导致内部客体的死亡或混乱状态。在没有持续的、足够的外部客体的情况下，对婴

---
[2] 基于最初的论述，这里的原文被修改了。

儿而言，内部客体变得没有意义。在这种情况下，也仅仅是在这样的情况下，过渡性客体也变得没有意义。因此，过渡性客体可能间接地象征外部的乳房，即通过代表一个内部的乳房来象征外在的乳房。

过渡性客体从来没有像内部客体那样被魔术般地控制，也没有像真实母亲那样不被控制。

幻觉 - 幻灭

为了阐明我个人对这个论述的积极贡献，我首先要对一些关于婴儿情感发展的、很容易被理解的部分进行说明，尽管它是可以在实践中被理解的。

除非有一个"足够好的母亲"，否则婴儿不可能度过"快乐原则"阶段而发展到"现实检验原则阶段"，或者度过"原始性认同"阶段（Freud，1923）。足够好的"母亲"（不一定是婴儿自己的母亲）会对婴儿的需要做出积极的适应，会伴随着婴儿能力的增长对适应不良进行弥补。随着婴儿容忍挫折能力的增强，足够好的"母亲"主动的适应也会逐渐减少。很自然地，婴儿的母亲会比其他人好，这是因为积极的适应需要对一个婴儿给予简单和没有怨恨的全神贯注。实际上，对婴儿的成功照顾靠的是全心全意，而不是聪明和智力教化。

正如我所描述的那样，一个足够好的母亲开始时是完全适应婴儿需要的，但是随着婴儿长大，婴儿自身也逐渐发展出处理挫折的能力，母亲的完全适应相应地逐渐减少。

婴儿处理母亲失败的方式有以下几种：

1. 婴儿经历挫折是有时限的，经常被重复。起初，这个时限必须短一些。
2. 发展对过程的感觉。
3. 开始心理活动。
4. 对自体性欲满足的使用。
5. 记忆、再体验、幻想、梦想，整合过去、现在和将来。

如果所有过程都很顺利，婴儿可以得到应对挫折的经历，母亲对需求的不完全适应使客体显得真实，也就是一种爱恨交织的状态。结果是，如果所有过程都很顺利，但是（母亲）对婴儿的需要过于紧密的适应持续太长时间，不让它自然地减少，则会给婴儿带来困扰。因为这种类似于魔术般的完美的客体适应和幻觉没有什么两样。然而，在开始的时候，恰当的接纳是必需的，有了这种接纳后，婴儿才能发展出应对外部现实的能力，甚至形成对外部现实的概念。

幻觉和幻觉的价值

在开始的时候，母亲几乎都会让孩子产生一种幻觉（illusion），即妈妈的乳房是自己的一部分。也就是乳房处于孩子魔术般的控制之下。对婴儿而言，照顾是普遍存在的，在安静的时间和兴奋的时间是一样的。全能感几乎接近真实。母亲最终的任务就是打破幻觉，但前提是在此之前母亲要提供足够的机会以产生幻觉。

换一种描述：出于爱或者（你也可以说）出于需要，这个乳房是被婴儿一遍又一遍地创造了的。我表述为，妈妈的乳房作为一个主体的现象在婴儿内部被发展起来③。在恰当的时候，妈妈把真实的乳房放在那里等着婴儿去创造。

从出生开始，人类就在关注客体感受和主观感受之间的联系，一个一开始就没有足够好的母亲的、不健康的个体是没有办法解决这个问题的。我所指的中间区域就是在婴儿的原始创造和基于现实检验的客体感受之间的区域。过渡性现象展现出一些对早期幻觉的运用，没有这些早期运用，人们与真实的外部客体建立联系就没有意义。

对图1的解释：有一些理论指出，在人类个体发展的早期，婴儿在母亲提供的环境中会构想出一些观念，这些观念产生于本能张力增长的需要。婴儿无法说出什么即将被创造，就在这个时刻母亲出现在了他（她）的面前，通常她会提供她的乳房和潜在的哺乳欲望。当母亲足够好的时候，她对婴儿需求的适应就会使孩子产生一种幻觉：外部世界是婴儿自己创造的。换句话说，在母亲所提供的事物和婴儿所构想的事物之间存在交叠。观察者看到的是小孩感受到了母亲实际上所提供的事物，但这不是全部的事实。只有恰好在那个时刻出现的乳房，才能被婴儿感知到。那里并没有母亲和婴儿间的相互交换。在心理上，婴儿从乳房中吸收的是他（她）自己的一部分，而母亲对婴儿

---

③我囊括了抚养的所有技巧。当乳房被认为是第一个客体时，使用"乳房"这个单词代表抚养技巧，也代表实际的肉体。一个用奶瓶喂养而不是实际哺乳的母亲也可能是一个足够好的母亲（在我的描述中）。

的喂养则是她自己的一部分。在心理学上，相互交换的观点是基于心理学家的一个幻觉。

图 2 给出了幻觉的区域，用来说明我所认为的过渡性客体和过渡性现象的主要功能。过渡性客体和过渡性现象让每个人从一开始就拥有一个不会被挑战的中间区域。这对他们来说是十分重要的。对于过渡性客体而言，在我们和婴儿之间有一致的协议，即我们从来不会去问"这是不是你构想出来的"或者"它是不是从无到有的"。重要的是，我们不期待这个问题的答案，也没有形成这个问题。

下面这个与婴儿有关的问题由隐蔽逐渐变得明显，它成为母亲的一个重要任务（仅次于提供产生幻觉的机会），那就是幻

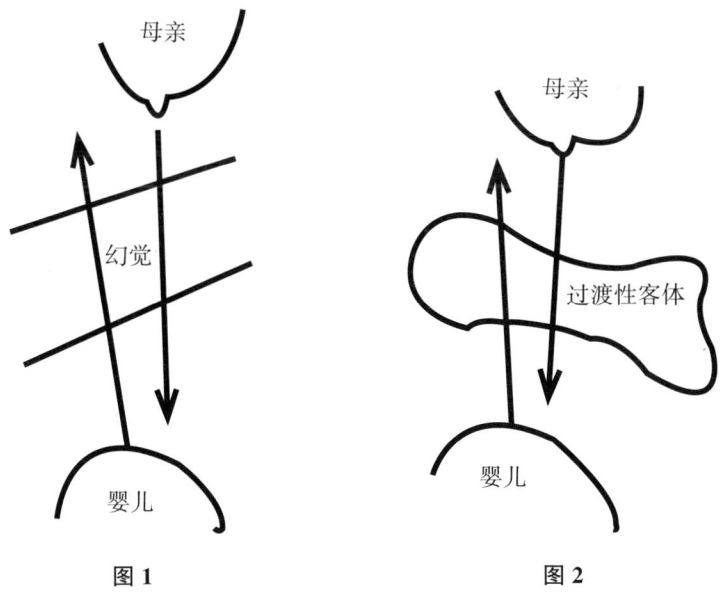

图 1　　　　　　　　　图 2

灭（打破幻觉）。对母亲和教育者来说，这个任务就是准备断奶。换句话说，幻觉是对人性的继承，没有人最终单独解决了这个问题，尽管理论上的理解可以得到一个理论上的解决方法。如果进展顺利，在这个逐渐幻灭的过程中，也就是我们统称在"断奶"这个词下的过程中，面对挫折的准备已经就绪。但我们需要记住，在讨论断奶这个现象时（克莱恩在 1940 年提出的抑郁位），我们假定了后面潜在的一系列过程，这个过程使婴儿产生幻觉，并且逐渐幻灭。没有通常发生的"幻觉 - 幻灭"的过程，婴儿不能正常地断奶，也不能应对断奶这件事情。断奶不仅仅指停止乳房喂养。

我们可以在普通孩童的断奶经历中见到惊人的意义。当我们见证了某个孩子在断奶的过程中存在的复杂反应时，我们知道之所以这些反应发生在这个孩子身上，是因为他（她）顺利地度过了"幻觉 - 幻灭"的过程，因此我们在讨论真正的断奶时可以忽略它。

幻觉和幻灭的理论发展

这里可以假设的是，接受现实的任务从未被完成，没有人能够从内部世界与外部现实的张力中挣脱出来，只有在不被挑战的中间区域（如艺术、宗教等）里，我们才能缓解这份张力。这个中间区域与"沉迷"在游戏中的孩子的游戏区域有直接的连续性。

在婴儿初期与外部世界建立联系的时候，过渡性区域十分必要。在早期的关键阶段，足够好的母亲所提供的照顾使过渡性区域的形成成为可能。外部情感环境和物理环境的特定元素，比如过渡性客体或者客体，给婴儿带来的时间上的连续性对这一切来说是必不可少的。

父母可以接受在婴儿身上出现的过渡性现象，因为他们在直觉上感觉到客观认知本来就会带来张力，所以不会去质疑对于婴儿来说究竟是主体还是客体，实际上在这里它是一个过渡性客体。

假定有一个成人声称并且非要让我们接受一个被他的主观现象加工了的客观事实，则这种主观现象会被我们辨别和诊断为发疯。然而，如果这个成人设法去享受个人的中间区域，而不是去声明它，那么我们很可能会用我们的中间区域来回应，并且我们会乐于发现与之重叠的部分。这也就是在艺术、信仰和哲学群体中的普遍经验。

小结

我们把注意力集中在健康婴儿早期体验的广阔领域，主要关注婴儿第一次拥有的关系。

在时间上，最早的拥有物可以回溯到与自体性欲满足有关的拳头、拇指吸吮，也可以向前推进到第一个柔软的动物或洋娃娃，或者坚硬的玩具。它和外部客体（妈妈的乳房）以及内部客体（魔术般的内射的乳房）都相关，但它与两者都不同。

过渡性客体和过渡性现象都属于基于早期经验的幻觉的领域。这种早期状态的形成有赖于母亲对婴儿的需要提供无条件的接纳，因此使婴儿产生了创造现实存在的幻觉。

这个经验的中间区域，就它属于内部还是外部（共享的）的现实而言，并未引起争议。它是婴儿体验的重要组成部分。这些强烈的体验保留终生，并在艺术、信仰、生活幻想和创造性科学工作中表现出来。

婴儿逐渐对过渡性客体失去投注，尤其是在他（她）对文化产生兴趣以后。

从这些考虑中进一步得出观点：对"矛盾"的接受有正面的价值，对"矛盾"的解决导致了一种防御组织的出现，也就是我们在成人身上会遇到的真自体和假自体的组织（Winnicott, 1960a）。

II 理论的运用

并不是客体本身是过渡的。客体代表着婴儿的过渡。婴儿从和母亲共生的状态过渡到和母亲这样的外部事物建立联系和分离的状态。这常常涉及一个观点，即儿童从与客体关联的自恋类型中成长，但是我克制着，尽量不去使用这种说法，因为我不确定这就是我要表达的意思。它遗漏了依赖的观点，而在最早期的阶段，在婴儿开始确信非我客体存在之前，依赖是十分必要的。

过渡性现象区域的精神病理证明

我已经把重点放在过渡性现象的常态研究上。然而，在对临床案例的检验过程中却发现了精神病理表现。在一个孩子对分离和丧失的处理的病例中，我关注到了分离对过渡性现象的影响方式。

众所周知，当诸如母亲这样一个婴儿依赖的对象缺失的时候，由于在一段时间内有母亲的记忆或者影像，或是我们所谓的母亲的内部表征，婴儿不会立即产生变化。如果这个母亲离开婴儿超过一定的时限，用分钟、小时、天来计量，那么婴儿对母亲的记忆或母亲的内部表征就会消退。当这一切发生时，过渡性现象就会逐渐变得没有意义，婴儿也就没法体验到它们了。我们可以观察到客体不再被依恋。在这之前，我们有时可以看到过渡性客体的使用被夸大了，婴儿用此来否认过渡性客体变得没有意义的威胁。为了证明这个否认的过程，我将举出一个小男孩使用绳子的临床病例。

绳子[④]

1955 年 3 月，一名 7 岁的男孩在父母的带领下来到帕丁顿·格林（Paddington Green）儿童医院心理科。这个家庭的另外两个成员也来了：一位是 10 岁的女孩，在一所 ESN 学校（为智力低下儿童开办）；另一位是相对来说正常的 4 岁小女孩。由于一系列症状暗示着这个男孩存在人格障碍，于是被其家庭医生转介而来。男孩的一项智商测试 IQ 评分为 108。（由于描述的目的，所有与此章节主题无直

[④]发表于 *Child Psychology and Psychiatry*, Vol. 1（1960）；以及 Winnicott, *The Maturational Processes and the Facilitating Environment*（1965），London: Hogarth Press and the Institute of Psycho-Analysis.

接关联的细节都被省略。）

第一次见面，我与其父母进行了一次长时间的访谈，他们向我清楚地描述了这个男孩成长过程中的扭曲情形。但他们遗漏了一个重要的细节，不过在我和这个男童访谈时，这个细节还是浮出了水面。

不难发现他的母亲有抑郁症，她也承认她曾因抑郁住过医院。从父母的叙述中我了解到母亲一直在照顾这个男孩，直到他3岁3个月时妹妹出生了。这是第一次重要的分离。第二次是他3岁11个月时，他母亲做了一个手术。男孩4岁9个月时，母亲在精神病医院住院两个月，这期间姨妈无微不至地照顾他。到此时，每一个照料过这个男孩的人都认为：虽然他显示出优秀的特质，但很难相处。他变化无常，要不就吓唬别人，比如他说要把姨妈切成碎片。他出现了许多奇特的症状，如舔东西或人的强迫行为、发出强迫性的喉头噪声；他常常拒绝大便，事后又弄得一团糟。显然，他为姐姐的智力缺陷感到焦虑，但在这个因素变得突出前，他成长的扭曲就明显已经开始了。

与父母的这次访谈后，我与这个男孩进行了个人访谈。在场的还有两位精神病社会工作者和两位参观者。这个男孩一开始并没马上显得不正常，他很快同我一起玩一个随意画线的游戏。（在这个随意画线的游戏中，我随意画了一条线，并让这个小孩将它变成一样东西。）

在这个特别的个案中，随意画线的游戏得到了令人吃惊的结果。马上这个男孩的懒惰就变得明显了，而且几乎我画的每一条线都被这个男孩解释成与绳子有关。在他的十幅画中，表现如下：

（捕捉牛马用的）套索
鞭子
猎鞭
一个绳结
一条溜溜球的绳子
另一条猎鞭
另一条鞭子

与男孩访谈后，我第二次与其父母进行了访谈，询问有关这个男孩对绳子痴迷的情况。他们说非常高兴我提出这个主题，他们上次之所以没提，是因为他们不确定这个问题是否重要。他们说这个孩子已经变得强迫每一样东西与绳子有关，事实上无论什么时候他们走进房间，都可能发现他把桌椅绑在了一起；有时他们会发现一个软垫被用绳子绑在壁炉上。他们说这个男孩对绳子的痴迷发展到了更严重的程度，这个特点使他们变得焦虑而不仅仅是普通的担心。他最近用绳子缠住了妹妹的脖子。（这个妹妹的出生导致男孩与母亲的第一次分离。）

在这次特别的访谈后，我知道我只有有限的机会来行动：由于这个家庭住在农村，会见这个男孩或他的父母不可能超过6个月一次的频率。于是我采取了下面的行动。我向母亲解释道：这个男孩处在对分离的恐惧中，他试图通过使用绳子来否认分离，就好像一个人通过电话来否认与朋友的分离一样。她表示怀疑，但我告诉她：她可以在合适的时候与孩子开诚布公地谈一谈，告诉他我说的话，然后根据孩子的反应深入分离的话题，就会有所发现。

一直没有他们的消息，直到6个月后他们来看我。母亲并没有报告她做了什么，不过当我询问时，她告诉了我在拜访我不久后发生的事。她曾经认为我所讲的事很傻，但一天晚上她与儿子谈到分离的话题时，发现儿子很热切地与她讨论他和母亲的关系，以及与母亲失去联系时的恐惧。在他的帮助下，她回忆起所有与他的分离，鉴于儿子的反应，她很快坚信我曾经说过的话是对的。并且，在那次谈话后，绳子游戏结束了，不再有以前那样的绑东西的事了。她与他进行了多次关于分离感受的谈话，得出一个重要的结论，即她感到对他最重要的分离是当她严重抑郁时他对母亲的丧失感；她说，并不是她的离开，而是她完全被别的事占据时，他感到与母亲失去了联系。

在最近一次的访谈中，这位母亲告诉我，在她与儿子谈话1年后，儿子又重新开始在家里玩绳子和捆绑的游戏。事实上这是因为母亲要进医院做一个手术，她对他说："我知道你玩绳子是因为你担心我会死，但这次我只离开几天，去做一个不大的手术而已。"这次谈话后，新一轮的玩绳子阶段结束了。

我与这个家庭保持着联系，在这个男孩上学和其他事情的各种细节上，我都提供过帮助。最近，在初次访谈4年后，父亲报告了一个新的痴迷绳子阶段，这与母亲最近的一次抑郁有关。这个阶段持续了2个月。当全家去度假时，症状消除了。这时家境有所改善（父亲在经历了一段时间的失业后找到了工作），与此相关的是母亲情况的改善。在讨论中，父亲进一步给出了与此话题相关的有趣的细节。在最近的这个阶段，男孩用粗粗的绳索行动，这让父亲感到意义非比寻常，因为这显示出所有这些与母亲病态性焦虑的联系多么紧密。一天，他回家，发现儿子用绳子倒挂着自己。他很软，好像真的死了。父亲意识到他不可以关注这件事，于是他在花园里转来转去，做了半小时零碎的工作，等儿子厌倦了，自己停止了这个游戏。这是对父亲缺乏焦虑的检验。但是，接下来的一天，儿子在从厨房窗子很容易看到的那棵树上进行同样的游戏。母亲吓坏了，冲了出去，她确信他是在上吊。

下面的细节也许可以帮助理解这个个案。尽管这个男孩目前已经 11 岁了，沿着"硬汉"的路线发展，但他自我意识很强，很容易脸红。他有许多的玩具熊，对于他来说，它们是他的孩子，没人敢说它们是玩具。他忠于它们，对它们寄予了非常多的情感，甚至为它们做裤子。他的父亲说男孩似乎从他自己的家庭里获得一种安全感，就像他母亲一样。如果有人拜访，他会很快把玩具熊放在姐妹的床上，因为家庭以外的人不可以知道他还有一个家。与此伴随的是不愿意大便，或保存大便的倾向。这并不难猜到，即由于与母亲关系上的不安全感，他有可能会发展成同性恋。同样，对绳子的痴迷也可能发展成一种倒错。

评论

下面的评论看起来是恰当的。

1. 绳子可以被看作是其他所有交流技术的延伸，绳子的加入是因为它可以帮助捆绑物体和固定破碎的材料。在这个方面，绳子对每个人都有象征意义；由于起始阶段的不安全感和交流的匮乏，绳子的使用被夸大了。在这个特别的案例中我们发现，小男孩使用绳子的方式慢慢出现了有些反常的现象，这种改变很可能会导致绳子的滥用。找到一个方式来说明这种改变是很重要的。

很可能得到一个结论，即绳子的功能由交流转变到了拒绝分离。作为拒绝分离的绳子，它变成了一个危险而必须被控制的物品。在这个案例中，在孩子对绳子的使用仍旧包含希望时，母亲似乎是有能力处理孩子对绳子的使用问题的。当希望消失后，绳子只能代表对分离的拒绝，然后更复杂的状况开始出现，使疾病变得很难治愈。因为我们试图控制他对绳子的反常使用时，他对绳子进行反常使用的能力就会变得更加精准。

在这个个案中我们可以观察到一个反常的发展，因此特别值得关注。

2. 我们也可以从这个材料中看到父母的作用。当我们能够借助父母帮助的时候，是大有好处的，尤其是当我们认识到这样一个事实：不会有足够的治疗师来治疗那些需要治疗的人。这是一个曾经度过了父亲失业的困难时期的良好家庭；尽管在社交上和家庭中，智力发育迟缓的女儿是一个沉重的包袱，但家庭仍然负起了责任；这个家庭还度过了母亲抑郁症发作的艰难阶段，其中还包括住院治疗的时期。这个家庭必定有一种很强的力量，这种力量是确信可以邀请父母来承担治疗他们小孩的重担的基础。他们自己也从中学到了很多，不过我必须告诉他们要怎么做。他们的成功需要被欣赏，要让他们把整个过程说出来。事实上，看到自己孩子好转的过程带给他们克服困难的信心，让他们有能力处理不时出现的其他生活难题。

附加记录（1969 年）

在这份报告记录 10 年后，我看到这个男孩的疾病仍没有被治愈，其与母亲抑郁的关联依旧存在，以至于他要不断地跑回家。如果离开家，他还可以接受个别治疗，但在家里，这种方式并不适用。在家里他会继续保留我们第一次见面时的模式。

在青春期他发展出一种新嗜好，尤其是对于药物，并且他无法离开家外出接受教育。所有的使他离开母亲的努力都失败了，因为他会不时地跑回家里。

他变成一个让人头痛的青少年，到处撒谎，浪费他的时间和智力潜能（如上所述，他的智商为 108）。

问题是：一个关于药物成瘾的研究者，会关注过渡性现象中所呈现出的精神病态吗？

III 临床材料：幻想的样子

在这章的后面部分我将探索一些我在临床工作中出现的想法，以及过渡性现象理论对我的所闻、所见及行为的影响。

这里我将给出我的一个成年患者的详细临床资料，用以说明失落感是如何变成整合个人自我体验的方法的。

材料是一个女患者的一次分析面谈过程，我给出这个材料是因为它聚集了各种不同的实际例子，足以展现出在主观和客观之间的那个区域中的多样化特点。

患者是位母亲，有几个小孩，在工作中显示出很高的智商，她来接受治疗是因为她有一系列被我们称为精神分裂症的症状。和她接触的人很可能会看不出她有多么不适，大家通常都很喜欢她，并且认可她。

这个特殊的面谈过程从一个可以被描述为抑郁的梦开始。梦里包含了关于一个贪婪和强势的女分析师的直接的"移情"材料。这表达了她在被前一个分析师分析后的渴望，那个分析师对她来说是一个典型的男性形象。这是一个可以用作解释材料的梦。患者很高兴她可以常做梦。借助这些梦她能够准确地形容她丰富的现实世界。

她时常会被称为幻想的部分占据。比如，她正在乘火车旅行时，出现了事故。她的孩子们如何得知她发生了什么呢？她的分析师究竟是如何知道的？她或许正在尖叫，但是她的母亲却没有听见。这时她讲了她的痛苦经历：一次她离开了她的小猫一会儿，但后来她听说小猫叫了几个小时。"这一切都太糟了"，这些合起来就组成了她童年经历中非常多的分离，这种分离超过了她的容忍度，成为创伤性的经历，从而使一系列新的防御组织结构形成成为必然。

分析中的大量材料显示着与人际关系中的负面结果有

关；也就是说，当父母的关怀不再无微不至了，孩子会逐渐经历失败的过程。患者对那些和自己小孩有关的事尤其敏感，她把她和第一个小孩之间的问题归因于她在第二次怀孕时曾和丈夫一起出去旅行，当时孩子还不满 2 岁，而他们把他留在家里 3 天。她听说孩子不停地哭了 4 个小时，在她回到家以后，她花了很长的时间，却依然没有办法和孩子恢复亲密关系。

我们知道没法对动物和小孩子解释发生了什么。猫不会懂；同样，一个 2 岁以下的婴儿也不会明白家里会有一个新的婴儿，但等到孩子 20 个月左右大的时候，就可以用他（她）能听懂的语言解释给他（她）听了。

如果母亲为了孕育一个新的生命而总是离开，孩子又无法理解，那么母亲在婴儿内心中的形象就死掉了。这就是死亡的意义。

对婴儿而言，极限可能是天、小时或分钟。在到达极限之前，婴儿认为母亲仍然活着，但是在超过了这个极限之后，婴儿就会认为母亲死掉了。在这之间是一个珍贵的愤怒时刻，但这个时刻很短暂，也许从未被经历过，但它一直是潜在的，孩子可能因此怀着对暴力的恐惧。

从这里我们看到两个如此不同的极端：有妈妈在场的情况下，妈妈死掉了；妈妈的死发生在她不能再现和不能复生的时候。这与时间密切相关，除了去看、去感觉、去闻的安慰方法之外，婴儿还将建立起一种能力，即在其内部精神现实中使人复活，而这位母亲的离开恰好是在这种能力形成之前。

可以肯定患者在童年时期一定有一些特殊的经历。在她 11 岁的时候，因为战争，她被迫从父母身边撤离；她几乎把她的童年和父母全忘了，在所有的时间里她坚持保留一种权利，那就是不称呼那些正在照顾她的人为"叔叔""阿姨"，虽然这是常规的称呼。在那些日子里她从不称呼他们，而这是患者记忆她父母的消极方式。我后来明白了，所有的这些模式都是在她的童年早期形成的。

从这里我的患者再次到达移情状态，唯一真实的事物就是那个间隙，也就是母亲的死亡、缺失或者遗忘。在分析的过程中，她被一段特别的遗忘所困扰，而在我看来这正揭示出了一个重要信息：有一段记忆被删除了，而空白的部分可能是唯一真实的。遗忘是真实的，而被遗忘的记忆反而失去了真实性。

在做这些联想的时候，患者想起治疗室中的一块小毛毯，有一次她把它盖在身上，还有一次在分析过程中利用它帮助自己进入退行的状态。此刻她并不想拿那条毛毯，也不想用它。因为此刻不在那里的毛毯（因为她不准备去拿它）比治疗师可以拿给她的毛毯要更加真实，而治疗师一定会想这样做。对这个问题的思考唤起她心中对于没有毛毯的感受，或者说是唤起她内心中毛毯的不真实性的象征意义。

由此，她又发展了象征的意义。对于上一个分析师，她说："对我而言，他总是会比现在的分析师更重要一些。"她接着说："或许你做得更多，但我更喜欢他，这在我完全忘记他的时候成为事实。看不见的他比确定的你要更加真实。"这些不全是她的原话,但这是她用自己清晰的语言传递给我的意思,也是她需要我去明白的。

我们眼前浮现出一个主题,是恋旧的画面,它属于内部再现的、对丧失的客体的不稳定抱持。在下面的案例报告中这个主题还将再度出现(参见第 48 页)。

患者接着谈到了她的想象与她所相信的现实之间的界限。她是这么开始的:"我不会真的相信有一个天使站在我的床边;另一方面,我曾经把一只鹰绑在自己的手腕上。"她说的好像确有其事,而且这句话的重音在"绑在我的手腕上"。她也曾经有过一匹白马,听上去非常逼真,她"可以骑着它到处跑,可以把它拴在树上或者诸如此类的东西上"。她现在希望真的拥有一匹白色的马,以便她可以处理关于这匹白马体验的真实性,使它成为另一种真实。听着她的话,我觉得,如果不考虑她那时的年龄和她反复丧失父母的独特经历,她的想法很多都可以被贴上幻想的标签。她大声呼喊:"我猜我是想得到一些永远也不会失去的东西。"我们由此得出结论,真实的事物就是不在的事物。链条就是对老鹰不在的否认,这是这条链子正面的意义。

从这里,我们涉及了消逝的象征物。她说,即使有那么多次的分离,她也已经可以成功地、长时间地让她的象征保持真实感。我们同时达成了一个共识,即她充分发挥了她的聪明才智,但也付出了代价。她很早就开始阅读,并且读了很多书;早年的时候她经常思考,并发挥她的智力来解决问题，而且也很享受这么做；当我告诉她，她之所以像这样运用智力，是由于她要防御自己恐惧的心理缺陷时，（我认为）她松了一口气。由此，她很快谈到她对孤独症小孩的兴趣，以及她和她的一个患有精神分裂症的朋友的紧密联系，这些是与智力无关的心理缺陷。良好的智力一直是她显著的特点，聪明才智带给她的自豪让她感到深深的愧疚。她难以想象可能她的朋友也拥有惊人的智力潜能，但对于她的朋友，我们有必要知道，他已经走向了另一方面，也就是精神疾病引发的精神迟滞。

她叙述了不同的处理分离的方法。例如，当妈妈离开的时候，每天拔掉一个纸蜘蛛身上的腿。然后她有一些闪念，她会叫它们，继而她会突然看见了它们，例如她会叫她的小狗托比（一个玩具），她会说"啊，这是托比"。在家庭相册里有一张她和托比的合照，但除了在她的闪念中，她已经记不起托比了。这又让她想起一件可怕的事情，她的妈妈告诉她："我们离开的时候总是'听见'你在哭。"但他们离开了4英里。她当时才2岁，她想："妈妈有可能是在对我撒谎吗？"那个时候她还不能应付这些，她需要极力地否认"妈妈撒谎了"这个事实。她很难相信妈妈会伪装，因为每个人都会说："你的妈妈是如此的好。"

我们可以从我的观点中得到一个新的观念。这是一个孩子的画面，孩子有过渡性客体，有显而易见的过渡性现象，这一切其实都是某些事物的象征，但对于孩子而言它就是现实；逐渐地或者也许就在很短的时间段里，孩子不得不频繁地质疑象征所代表的现实。也就是说，如果它们是妈妈的爱和可依赖感的象征，那么这些象征物本身是真实的，但是它们所代表的却并不真实。妈妈的爱和可依赖感是非现实的。

看起来这类分离的事情总是缠绕着她的生活，丢失动物，丢失了自己的小孩，以至于她得出这样的结论："我所有的一切都是我没有得到的。"她不顾一切地要把负面的部分反转，变成阻挡事情终点的最后防线。这些负面的部分是唯一积极的。说到这里，她对分析师说："你要为此做点什么吗？"我保持沉默，于是她接着说道："哦，我明白了。"我想她或许是在反感"沉默"这种技巧。于是我说："我沉默是因为我不知道该说什么。"她很快回答"这没什么"。实际上她很喜欢这样的沉默，她宁愿我什么也不说。或许她一直在寻找的、以前的治疗师此时和我这个沉默的治疗师已经合二为一。她一直希望他回来并且对她说"做得好"之类的话，而这是在她已经忘了他长什么样子很久以后。我想她的意思是：他的影像开始沉淀到她的主观之池，与她拥有母亲时的所思、所寻结合在一起，而那时她还没有发现母亲的失职，也就是母亲的缺失。

结论

在这次治疗中我们走遍了主观和客观间的所有领域，最后我们用一个游戏来结束。她正准备坐火车去她的度假屋，她说："你最好和我一起，哪怕是半程。"她正在谈论困扰她的事情，即她就要离开我了。虽然仅仅只有一个星期，但这是一个暑假的预演。这就如同说，再过一阵子，她离开我就不会再有问题。因此，在半途的车站，我下了车，并且"乘快车回来"，她嘲笑我这个母亲形象并且说："这一定很让人厌烦，这里有很多的小孩和婴儿，他们会在你周围爬来爬去，而且他们还会缠着你，把你闹得够呛。"

（这里应该申明的是我并没有真正地陪伴她。）

她走之前说："你知道吗，我相信当我在战争中撤离的时候，去看了我的父母是否在那里。我似乎相信，我会在那里找到他们。"（这些可以表明他们肯定不在家里。）提示是，她花了一到两年的时间去寻找答案。答案就是他们不在那里，这就是事实。她已经和我说过了那块她不再使用的小毛毯："你知道，不是吗？那块毛毯会很舒适，但是现实比舒适更为重要，因此，没有毯子比有毯子更重要。"

在外部或共享现实与真实的梦之间，不同的位置有着不同的现象，这些临床片段说明记住这些现象的差别是有价值的。

2

梦境、幻想和生活
——一个描述原始分离的历史案例

在这一章里,我再次尝试区分各种幻想之间微妙的性质差别。现在我再次使用我治疗的一个个案资料来重点思考所谓的幻想,在这个个案中幻想和梦境的对比不止是相关的,而且是核心的[①]。

这个案例的主人公是一位中年妇女。在分析中,她逐渐发现幻想以及一些做白日梦的状态在一定程度上扰乱了她整个的生活。现在,她已经清楚认识到,一方面,幻想和梦境很不相同;另一方面,幻想和真实生活以及与真实客体的联系也有本质差异。十分明显的是,梦境和生活属于同一层面,而白日梦则属于另一层面。梦境符合真实世界的客体关系,真实生活和梦的世界也十分类似,精神分析师对此尤其感受良多。而相比之下,幻想却是一个孤立的现象,它抽走的能量既没有付诸梦境

[①] 从另外一个视角来讨论这个主题见于 Winnicott(1958a)的"The Manic Defence"(1935)。

中，也没有付诸生活中。在某种程度上，患者的整个生活都处于幻想中；换言之，这种模式早在她两三岁的时候就已经形成了。有证据表明其开始得甚至会更早，可能开始于对她吸吮手指的"治愈"。

这两种现象之间的另一明显区别是，尽管大量的梦以及源于生活的情感易于受到压抑，但它们不同于幻想的不可理解性。与幻想的不可理解性相关的是分离，而不是压抑。当这个患者逐渐地成为一个完整的人，开始摆脱她僵化的分离机制的时候，她就开始意识到[②]幻想对她来说一直是至关重要的。与此同时，幻想则开始转变成关于梦与现实的想象。

这种性质的区别可以说非常微妙，很难描述。尽管如此，这个重要的区别取决于分离状态的存在或缺失。比如，患者在我的房间里接受治疗，她可以看见一小片天空，但那是在晚上。她说："我在粉红色的云端上漫步。"当然，这或许是一次想象的飞行。想象可以丰富生活，就如同它也可以成为梦的素材一样。同时，对我的患者来说，她可能处于一种分离状态，一种没有被她意识到的状态，因为她从没作为一个完整的人，意识到自己随时会有两种或更多的分离状态存在。这个患者可能坐在她的房间里，除呼吸外什么也不做，却已经在幻想中刚画了一幅画，或者在工作中她完成了一件有趣的作品，抑或是她去乡间散步了；但从旁人的角度来说什么也没有发生。事实上没什么事情可能发生，因为在分离状态中有太多事情正在发生。另一方面，她可能正坐

[②] 她有一个可以觉知的地方。

在她的房间里想着明天的工作和计划，或者正在考虑她的假期，这可能是她对这个世界想象性的探索，在这里，做梦和生活是一样的。她以这种方式从好转向不好，然后又变好。

可以观察到时间因素的作用，它会因她是在幻想还是在想象而有所区别。在幻想中，发生的事情立刻就发生，除了那些根本不发生的事。在分析的过程中，相似的状态被认为是不同的。因为如果精神分析师要去探寻，总会有迹象表明存在着某种程度的分离。仅仅记录口述通常无法分辨那时那地的患者究竟是在幻想还是在想象，这些差异往往会在治疗结束后伴随着录音带一同流失。

个案中的女士对各种艺术性的自我表达有着超常的天赋和潜能。她对生命与生活有足够的认识，而且对自己潜力的认识足以让她意识到，她一直在生活中错失良机（至少从她的生命开始后不久就是如此）。对于她自己和那些对她抱有希望的亲戚朋友们来说，她必然是让人失望的。她感到，当人们对她充满希望的时候，人们就会期望从她那里得到些什么，这会让她面对她实质上的无能。这让患者体会到一种强烈的悲伤与怨恨。很多证据表明，如果没有获得帮助，而仅仅因为想要杀人的想法出现了，她就会处于自杀的危险中。如果她想要去杀人，她就会去保护她的客体，以至于有了杀掉自己的冲动，她会用自杀来终止困境。但自杀无法解决问题，只能停止挣扎。

在这一类案例中存在一些极其复杂的病因，但是我们也可以用一些恰当的语言简述这位患者的孩童时期。在她和母亲的早期关系中一种模式已然确立，这种一开始让人满意的关系非常突然而且过早地变成一种幻灭和绝望，以至于使她完全放弃了客体关系中的希望。也可以用语言来描述在小女孩和爸爸的关系中这种同样的模式。父亲在某种程度上纠正了母亲的失败，但最后他仍然被卷入了孩子的模式，成为孩子的一部分。本质上他仍然失败了，尤其是他视她为一个潜在的女人，却忽视了她潜在的男性成分③。

最简单的描述患者此种模式起源的方法是：把她设想成有几个年长兄姐的小女孩，她是最小的一个。这些孩子很多的时候都是自己照顾自己，因为他们看起来能够自得其乐，可以自己组织游戏，而且游戏的内容日趋丰富。然而，这个最小的孩子却发现自己置身于一个早在她进入托儿所之前就已经安排好的世界里。她很聪明地用各种方式适应，但无论从她本人还是其他孩子的视角，她从来都没有被当作一个群体成员而获得回报，因为她仅仅以一个顺从的角色来适应。对她来说，这个游戏不尽如人意，因为她只是努力扮演被指派的角色，其他的孩子会觉察到她没有全身心投入。大一点的孩子很可能没有意识到这个小妹妹实际上并不在场。从患者的视角看，我们可以发现，在玩其他人的游戏时，她一直都沉醉于幻想中。她实际上生活在基于分离机制的幻想中。这部分被完全分离的"她"绝不是整个的"她"，长久以来，她的防御方式是一边活在幻想里，一边看着自己玩其他孩子的游戏，就像看托儿所里的其他人。

当她尝试成为独立、完整的人却遭遇一系列挫败后，分离的

---

③ 对男性和女性元素的讨论见第 5 章。

方式得到强化，这种事成为她的专长：在托儿所看起来她和其他小朋友在玩，但其实她有另一部分分离的生活。这种分离从来没有结束过。我对小女孩和她的兄弟姐妹之间关系的论述虽然并不完全恰当，但她所陈述的真实经历足以让我进行这样有意义的描述了。

随着我的患者长大，她尝试着去建立一种什么也没有真正发生但是对她意义重大的生活。渐渐地，她感觉不到自己的存在，活得不像一个完整的人。从上学到参加工作，她始终没有意识到自己还有另一个分离的人生。这意味着她的生活是与她的主体部分分离的，她生活在有组织结构的幻想之中。

如果去追溯患者的生活，可以看到，她试图把她的这两个或者更多的人格整合到一起，但是这种尝试总是包含了某种抗议，与社会是不协调的。一直以来她都有足够的精力去做出承诺，让她的亲戚朋友觉得她会使自己出名，或者至少在将来某一天会过得比较自在。然而要实现这个承诺是不可能的，因为（正如我和她一起逐渐痛苦地发现）即使她什么也没有做，她也是存在的。"什么也不做"会伪装成某些行为，比如我和她同时想到的吸吮拇指之类的事情。这在以后就演变成了强制性吸烟和各种各样令人生厌的强迫性游戏。这些徒劳无益的行为没有带来任何快乐。所有这些都是为了弥补一个间隙，即她在做任何事情的时候，在本质状态下她什么也没有做。在分析中，她变得越来越害怕，因为她发现这种方式很容易导致她终身躺在精神病院的病床上，大小便失禁，没有乐趣，不能活动；可是在心里她仍然会继续幻想，在幻想中她是无所不能的，在分离状态下她可以不断达成美好的愿望④。

在患者开始进行画或读这样的练习的时候，就会发现她丧失了那种在幻想中的全能感，她会发现自己的局限，因而对自己不满意。这比现实检验更真实，在这样的病例中，分离这种方式实际上处于患者的人格结构中。在某种程度上来说她是健康的，在某些时候她能够表现得像个完整的人，有能力应对来自现实原则中的挫折。但是在病态中，她并不需要这些能力，因为她不会面对现实。

或许患者的两个梦能够说明她的状态。

两个梦

1. 她和很多人在一间房里，并且她知道自己和一个懒虫订婚了。她描述那个男人并不是她真正喜欢的那种。她扭头对她的邻居说："那个人是我孩子的父亲。"通过这样的方式，在我的帮助下，在分析的后期阶段她告诉自己，她有个小孩，而且她可以说出这个小孩大约10岁。她实际上没有小孩，但是从这个梦里她可以看到她有小孩很多年了，并且她的孩子正在长大。顺便提一句，这来自于她之前在分析中说的一句话，她曾经问："告诉我，考虑到我已经是个中年人，我是否穿得太孩子气了？"换

---

④ 这与我所描述的在第一次"我"和"非我"的十分必要的经历中"无所不能感的经验"有显著不同（参见 Winnicott, 1962）。"无所不能感的经验"本质上属于对依赖的经验，而这里的"无所不能感"是由于对依赖的无望造成的。

句话说,她几乎意识到,她不得不为这个小孩穿衣服,同时又为中年的自己穿衣服。她还告诉我这是个小女孩。
2. 在上一次治疗中她谈起了一个梦,在梦里她感到了对母亲强烈的怨恨(其实她很爱母亲)。因为,就像在梦中出现的那样,她的母亲夺走了她的女儿,也就是她自己的孩子。她觉得这个梦很奇怪。她说:"有趣的是,在梦里我想要小孩,但在我清醒时,我知道为了孩子好,我不会把他(她)生出来。"她接着说:"就好像我隐隐地感觉到有些人的生活并不太糟糕。"

自然,就像在每个案例中一样,其他关于这些梦的细节我没有报告,因为没有必要把每一个发现的问题都剖析明白。

患者关于孩子父亲的梦没有任何说服力,并且感受没有任何与之关联之处。在经过了一个半小时的过程之后,患者开始有了感受。在两个小时的治疗快结束时,她离开以前,她感受到一阵对母亲的恨,但这次的恨带有新的特质。这种恨更接近于谋杀而不仅仅是恨,她感到这种恨比之前更加接近一件特殊的事情。她现在可以想起那个懒虫了,就是孩子的父亲;为了不被母亲发现,他以懒虫的伪装出现,这个人就是她自己的父亲、她母亲的丈夫,也是她小孩的父亲。这意味着她非常接近于感受到了被母亲谋杀的感觉。在这里,我们真正地处理了梦和生活,我们没有迷失在幻想中。

这两个梦揭示了曾经被牢固的锁在幻想里的材料现在如何在梦境和生活中得到了释放，梦和生活这两种现象在很多方面有相同点。用这种方式，患者逐渐明白白日梦和做梦（也就是生活）的不同，并且患者也逐渐能在分析师面前区分两者。可以看到创造性的游戏与梦境和生活是相关联的，但本质上不属于幻想。由此我们开始看到两种现象在理论上的显著不同，尽管在实际例子中我们还是很难说明和判断。

患者提出一个问题："当我在一片粉红色的云彩上漫步的时候，这是我美化生活的想象吗？还是你所说的幻想，它在我无所事事的时候发生，让我感觉到自己并不存在？"

对我而言，分析工作产生了一个重要的结果。它告诉我幻想干扰了真实或外部世界的行动与生活，而且更严重地干扰了梦、个人内部现实以及个人人格的生存核心。

我们有必要看看对这个患者进行分析时接下来的两段谈话。

患者开始说："你曾谈到幻想干扰梦境的方式。那天半夜里我醒来，那个时候我正在兴奋地裁剪、设计和制作一件衣服的样品。我激动得差点做了。这是梦境还是幻想呢？我刚要知道我做的是什么，但是我醒了。"

我发现这个问题很难回答，这需要对梦境和幻想的边界进行辨别。这里有一个身心的参与。我回答患者说："我们不知道，不是吗？"我说得很简单，因为它是事实。

我们围绕着这个话题，谈论幻想对患者来说是如何没有建设性，它伤害了她并且使她感到虚弱。她用这种方式自我约束，不再行动。她玩纸牌游戏的时候，常常打开收音机收听谈话节目，而不是听音乐。这种方式使她更容易进入到分离状态，而她只要稍加利用，就可以掌握这种分离状态是整合还是分解。我向她指出这一点。在我指出的同时，她给我举了一个例子。她告诉我，在我说话的时候，她正在摆弄她手袋上的拉链，她在想："为什么是在这一头？这样向上的样子真丑！"她能够感到，这个分离的行为比坐在这里听我说话更重要。我们都想就这个主题深入下去，弄清楚幻想和梦境的关系。她突然有一些内省，她说幻想的意义就是"你所想的"。她引用了我对梦的解释，并且试图使它变得可笑。这里显然有一个梦。在她醒来的时候，这个梦转变成了幻想。她想向我清晰地表达，在幻想的时候她是醒着的。她说："我们需要另外一个词，一个既不是梦境也不是幻想的词。"在她向我讲述的那一刻，她已经"离开并开始了她的工作，她和工作中发生的事情在一起"，所以她再一次在和我谈话的时候离开了我。她感到这种分离就像灵魂出窍一样。她记起她是如何读一首诗的，但是诗里的文字却没有任何意义。她注意到幻想时她的身体十分紧张，可因为什么也没有发生，这让她时常会觉得自己有潜在的冠心病、高血压、胃溃疡（这是她确实患有的）。她多么希望可以找到一些东西能让她在清醒时的每分钟都可以做她自己的事，让她能够说："是现在而不是明天，不是明天。"我们可以说，她注意到了身心高潮在她生命里的缺失⑤。患者接着说道，她已经尽可能地计划好了

---

⑤ 对于这类体验的另一个方面，我在谈论到自我高潮的能力中有讨论（Winnicott, 1958b）。

周末，但她常常不能区分会让行动无力的幻想和期待会有所行动的现实计划。她感到十分痛苦，因为大家会忽视她行动无力后的处境。

在学校的音乐会上孩子们唱起了"天空光辉灿烂"，就像她45年前在学校里唱的一样。她想知道是否有像她那时一样的小孩，也不知道明亮的天空是什么样子，因为她永远沉浸在某种形式的幻想中。

我们最后回到讨论她早先报告的关于裁剪衣服的梦，是她醒着的时候所体验到的，而这是对梦的防御："但是她怎样才能知道呢？"幻想像邪恶的幽灵一样占有着她。她继续谈道，她非常需要能够拥有自己以及感受到自己被拥有和受到控制。突然，她强烈地意识到这是个幻想而不是梦境，我可以从这里看出先前她并没有完全意识到这个事实：她醒来，看见自己正在疯狂地做衣服。这就像是要对我说："你以为我能做梦吗？那好，你搞错了！"因此，我才能够发展到似梦非梦的状态，比如梦见做衣服。从对她的治疗过程中，我或许是第一次可以明确地说出梦和幻想的不同。

幻想的内容仅仅是关于做一件衣服，衣服是没有象征意义的。一只狗仅仅是一只狗。相比之下，在她的帮助下我能够说明同样的事情在梦里是有象征意义的。我们看清了这些。

无定型（formlessness）的区域

被带到梦里的关键词就是"无定型"，即布料在成型、被裁剪和塑造以及组合之前的形状。换句话说，在梦里，无定型是她对自己个性特点和自我建立的评论。在梦里，无定型和做衣服只在一定程度上关联。只有她对分析师有信心，她才能够感到有希望从无定型中做出东西，分析师才能够解决一些她童年时期的问题。她的童年环境似乎不能允许她无定型，而是像她感到的那样，她必须被塑造和改变得让别人满意[6]。

在这次分析的最后，有一刻她强烈地感受到：在她童年的时候，没有一个人（至少她是这样看的）可以理解她不得不从无定型的状态开始。当她逐渐认识到这一点的时候，她变得非常愤怒。如果要说这次分析过程的治疗性结果，那就是她感受到了强烈的愤怒，这不是发疯，它有合乎逻辑的动机。

在下一次访谈的另外两个小时中，患者向我报告说，上一次的访谈后她做了许多事情。她当然会刻意向我报告我觉得有进步的部分。她觉得关键词是"身份"。在这次长时间治疗的第一部分，她描述了她的许多行为，包括清理之前几个月甚至几年留下的脏乱之物，以及做一些有建设性的工作。毋庸置疑的是，她十分喜欢她所做的事情。但是，她一直表现出对身份丧失的巨大恐惧，就好像害怕结果可能是她已经定型了，而整件事情就像是在扮演成长，或者是扮演一个沿着分析师设计的途径，为了分析师而取得了进步的角色。

---

[6] 从这里可以看到顺从和假自体的组成（Winnicott, 1960a）。

天气很热，患者很疲倦，她躺在椅子上静静地睡着了。她穿了一件既可以去工作也适合来见我的衣服。她睡了大约10分钟。当她醒来后，她继续质疑她在家里所做的事情和高兴做的事情的真实性。由睡觉引发的重要事件是，因为她不记得那些梦了，她感到很失落。就好像她睡觉就是为了去做梦来进行分析一样。我指出她睡着了是因为她想要去睡，她才放松下来。我说，梦就是在你睡着时发生的事情。现在她觉得睡眠让她感觉良好，她想去睡一觉，当她醒来的时候她感觉到更加踏实，记不起自己的梦也无关紧要。她说了一种现象：当你的眼睛盯着东西发呆的时候，你知道东西在那里，但是你并没有真的看它；她的思想也是那样的，它不是专注的。我说道："但是睡眠中做梦的时候头脑是不专注的，除非那类为了醒时的生活和分析而做的梦。"我牢记上次治疗的关键词"无定型"，我把它运用到通常的梦活动中去，作为与梦境的比较⑦。

在接下来的分析中发生了很多事情，患者感到真实，而且正在和她的分析师一起解决她的问题。对于突然出现的幻想导致行为无力所造成的巨大损失，她给出了很好的例子。我把它作为她能提供给我的、理解她的梦的线索。幻想与一些正在到来的人有关，他们占据了她的公寓。就是如此。如果是在梦里，梦到有人来接收她的公寓，这就如同她在她的人格中发现了新的可能性，她喜欢认同包括她父母在内的人。这是一个情感的反面模式，这种模式让她在不丢失自己身份的情况下取得认同。

---

⑦这两个极端应该有不同的脑电图结果，取决于在那个阶段中哪个表现得比较明显。

为了支持我的解释，鉴于患者对诗非常感兴趣，我找到了一种合适的语言来表达看法。我说幻想是个确定的主题，但仅仅如此，它没有诗歌的价值。相应地，梦有诗歌的价值，也就是说，梦有与过去、现在和未来相联系的层层意义，从根本上一直是有关她自己的。在幻想中缺乏梦中的诗意也就是这个原因，我不可能对幻想进行有意义的解释。我甚至没有尝试使用潜伏期的孩子提供的幻想资料。

患者重温了我们都深深地理解和承认的工作，尤其是感受梦中的象征意义，而这种象征在有限的幻想中是没有的。

她遥想未来，看起来未来会很幸福，这种想象和此时此地固着在幻想中的满足是不同的。我一直都需要特别小心，我告诉她这一点，免得我对她所做的和她明显的改变表现出高兴的样子；她很容易感到她适应并处于我的模式之中，这将引发她最大的抗议，回到固定不变的幻想、玩纸牌游戏和其他相关的事物中去。

然后她有了一个想法，她说："上一次会谈与什么有关呢？"（这是这个患者的特点，她不记得上一次会谈的内容，尽管明显地受到其影响，就像现在一样。）我提到"无定型"这个词，从这个词里她回到了她上次的整个分析过程，她回忆起她裁剪衣服之前的想法，以及没有人理解她要从无定型开始的感觉。她反复地说她今天很累，我指出这个现象里存在着事情，而不是没有事情。"我很累，我快要睡着了。"她能这么说表明她目前在某种程度上是处于自我控制中的。她开车时也有同样的感觉，她很累了，但因为在开车，她没有睡。然而，在这里她可以睡着。突然她看到了康复的可能，发现这一点是那样的神奇。

她说:"我可能可以掌控自己了。在自己的控制下,谨慎地进行想象。"

在这次长时间的分析中还要做另一件事情。她提到了玩纸牌这个话题,她称它为困境,请我帮忙理解它。就我们在一起得出的结论,我认为玩纸牌是一种幻想的形式,是一条死路,于我没有用处。相反,如果她告诉我一个梦——"我梦到我在玩纸牌"——然后我可以运用它,我真的可以做一个解释。我可以说:"你在和上帝或命运抗争,有时候赢,有时候输,目标是控制四个皇室家族的命运。"她可以在没有帮助的情况下继续下去,并且说道:"我一直在我的空房子里玩纸牌,这个房子真的很空,因为当我在玩纸牌的时候,我就不存在了。"这里她又一次说道:"因此,我可能可以变得对自己感兴趣。"

结束时,她不愿离开,不像之前的一次那样,这次是因为要离开这个唯一可以与她讨论问题的人而感到悲伤,更重要的是这次她回到家后发现自己的病减轻了,也就是说,不那么固着于僵化的防御机制之中了。现在,她不再预测将要发生的每件事,也不再说她是否会回家和做她想做的事情,或者让纸牌游戏占据她。很明显,她仍然怀念以前疾病模式下的确定感,并对自由选择下的不确定性感到巨大的焦虑。

在此次分析的最后,在我看来,前面的治疗有着深远的影响。但另一方面,我很清楚,变得自信甚至高兴是十分危险的。分析师需要在整个治疗过程中保持中立。我们明白,在这种工作中,我们随时都在重新开始,期待越少越好。

游 戏
——理论的陈述

在这一章,我将试着研究产生于我的工作及目前个人发展阶段中的一个想法,它赋予了我的工作某种色彩。众所周知,我的工作主要是精神分析,也包括心理治疗,不过我在本章的目的并不是去明确这两个术语在使用上的区别。

当我开始陈述理论时,我常常发现,描述这个主题很简单,也不需要太多的字词。心理治疗发生于两个游戏区域的重叠之处,即患者的游戏和治疗师的游戏的重叠之处。心理治疗与两个人在一起玩游戏有关。一定是因为患者在哪里不能游戏了,于是治疗师开始工作,使患者从不能游戏的状态进入可以游戏的状态。

尽管我不准备回顾文献资料,但我的确希望向 Milner (1952,1957,1969) 的工作表示敬意,她把象征-形成的主题写得非常精彩。但尽管如此,我也不会让她深入、全面的研究影响我用自己的语言关注游戏主题。Milner (1952) 把儿童的游戏与成人的专注联系起来:

> "我开始明白……即我的这种使用可能不仅是一种防御性的退化,而是与世界发生创造性联系的一个必要的重现阶段……"

Milner 提到"主体和客体的前逻辑的融合"。我尝试区分这种融合与主观的主体和客观构想的客体之间的融合或去融合①。我相信我试图做的也正是 Milner 贡献里的一部分。她在另一段陈述中写道:

> "我们每一个人的(内部的)原创诗人通过从不熟悉中发现熟悉而为我们创造外部世界,这些时刻也许已被大多数人忘记了;或者在记忆的某个秘密之处被守护着,因为它们太像上帝的拜访而不能与日常的思想混淆"(Milner,1957)。

游戏和手淫

有一件事我希望能脱离原来的理解方式。在精神分析的著作和讨论中,游戏的主题与手淫和各种刺激感官的经验联系得太紧密了。当我们遇到手淫时,我们总是想:幻想是什么呢?同样,当我们目睹游戏时,会疑惑身体的刺激与我们所目睹的游

---

① 对于此处的进一步讨论,读者可以查阅我的论文 "Ego Integration in Child Development"(1962)以及 "Communicating and Not Communicating Leading to a Study of Certain Opposites"(1963a)。

戏种类之间的联系是什么。但我们需要把游戏作为它自己的主体来研究，并补充本能升华的概念。

如果由于在我们意识中将两种现象（游戏和手淫行为）联系得太紧密而使我们错过什么，这很正常。我曾经试着指出当一个孩子游戏时，根本没有手淫；或者，换句话说，当一个孩子游戏时，本能涉及的身体冲动一旦变得明显，游戏就结束了，或者至少被破坏了（Winnicott，1968a）。我认为 Kris（1951）和 Spitz（1962）都扩大了自身性欲这个概念以涵盖相关类型的材料（也可参见 Khan，1964）。

我在探索用一种新的陈述方式来描述游戏，并且当我发现在精神分析文献中缺乏关于游戏主体的有用陈述时，我来兴趣了。任何流派的儿童分析都是围绕儿童游戏的。如果我们发现不得不在那些不是分析师的人所写的这个主题中去寻找有关游戏的恰当陈述，这会是相当奇怪的（例如 Lowenfeld，1935）。

很自然，人们把目光转向梅兰妮·克莱恩的著作（Melanie Klein，1932），但我要指出的是：在梅兰妮·克莱恩的著作中，的确关注了游戏，但几乎关注的都是游戏的用途。治疗师通过与孩子交流，了解到孩子们的语言无法传递细微的差异，而这些细微的差异能被那些有心人在游戏中发现。在这里，我并不是想批评梅兰妮·克莱恩和其他曾在儿童精神分析中描述过儿童游戏用途的人，而只是想提出一个有可能性的简单评论，即在关于人格的所有理论中，精神分析师太忙于使用游戏的内容，而无暇顾及游戏的儿童，从而仅把"玩"本身作为的一件事来阐述。很明显，我区分了名词"游戏"和动词"玩"之间的区别。

关于儿童"游戏",我所讲的实际上也适用于成人,只是当患者的资料主要限于语言文字时,事情会更难以描述。我建议:在分析成人时,治疗师必须试图从游戏入手,就如同我们给儿童所做的个案一样。这种情况(在治疗或分析时)会自动呈现,例如在选词时,在声音的抑扬变化中,以及在幽默感中。

过渡性现象

因为我一直在研究过渡性现象的主题,从过渡性客体及其技术的早期使用,直到人类文化经验能力的最后阶段,在其所有微妙的发展中去追踪它们,对我而言,"游戏已被赋予了新的意义"。

精神分析界和整个精神病学界对于我对过渡性现象的描述表现出了慷慨,我很感谢。恰恰是在儿童护理的领域,这个观点流行起来,这个事实让我觉得很有趣,有时我甚至会觉得在这个领域中,这个观点使我得到了超过我应该得到的回报。我所谓的过渡性现象非常普遍,留意它们及其在构建理论中的潜在用途并不是件困难的事。正如我所提到的,Wulff(1946)已经写到了婴儿和儿童所使用的令他们迷恋的物件。我还知道在安娜·弗洛伊德(Anna Freud)的心理治疗诊所中,也观察过小孩子的这些小物件。我曾经听安娜·弗洛伊德讲过护身符,一个联系得非常紧密的现象(A. Freud, 1965)。当然,A. A. Milne 已经使小熊维尼的形象永葆青春了。Schulz 和 Arthur Miller[②]以

[②] Miller(1963):这个故事最后以一个伤感的结尾不了了之了,因此,在我看来,应该放弃与孩子观察的直接联系。(译者注:Arthur Miller 是美国剧作家,曾写过一本儿童文学《诊所院子》。)

及其他作者,也都已经关注这些我特别提到和命名的物件。

我被"过渡性现象"概念的顺利推广所鼓舞,我也希望我现在关于"游戏"的说明也会被欣然接受。"游戏"在精神分析文献中并没有找到一席之地应该还是有些什么缘故的。

在"文化经验的位置"一章(第7章)中,我把"游戏"的想法具体化,主张游戏有空间性和时间性。这个词有很多用法,但并不因此而成为内在的(不幸的是,在精神分析讨论中这个词的内涵有数量繁多、各种各样的用法)。它也不是外在的,也就是说,它不是被拒绝承认的世界(非我)的一部分,即被个体决定视为真正外部的那部分(无论带着多少困难,甚至痛苦),也指那些在我们魔法掌控外的部分。为了掌控外部的世界,人们必须做一些事,即不是简单地思考或期待,而是花时间做事。游戏就是在做事(行动)。

时间和空间中的游戏

为了给游戏一个空间,我在婴儿和母亲之间假设了一个潜在的空间。根据婴儿与母亲或母亲样角色相处的生活体验的不同,这个空间可塑性很大。我把这种潜在空间与(1)内在世界(指涉及身心的同伴关系)及(2)真实的、外在的现实世界(有自己的维度,可以客观地研究,而且尽管因观察个体的状态不同,它可能看上去会有所不同,但的确还是会保持恒定)相比。

我现在用另一种方式重申我所尝试传达的内容。我不再关注于精神分析、心理治疗、游戏素材和游戏这个序列,而是沿另一序列分析。换句话说,游戏,也正是游戏,是普遍的,它属于健康范畴：游戏促进生长，因而有利于健康；游戏带动团体关系；在心理治疗中，游戏可以形成交流沟通；最后，精神分析在服务于自己和他人的沟通过程中，已经发展成为高度特殊的游戏形式。

游戏是再自然不过的东西，而精神分析才是高度复杂的20世纪现象。我们应该常常提醒精神分析师，这不仅应该归功于弗洛伊德，而且要归功于自然和普遍的事物——即游戏。

几乎没有必要阐述像游戏这样显而易见的事；虽然如此，我还是举两个例子。

埃德蒙（Edmund），2岁半

他母亲因为她自己的问题来我这里咨询，并带来了埃德蒙。当我和母亲谈话时，他就在房间里。我摆了一张桌子在我们中间，还摆了一张椅子，如果他想坐就可以坐。他看上去严肃，但不是害怕或沮丧。他问："玩具呢？"这是他在整个1小时里说的所有的话。很明显他被告知会有玩具，我说在房间另一端书架下的地板上可以找到一些。

很快他取了一桶玩具，在我和他母亲的咨询过程中玩得很认真。他的母亲能告诉我重要时刻的准确年龄：2岁5个月时埃德蒙开始口吃，这之后他放弃了讲话，"因为他被口吃吓坏了"。当她和我进入关于她和孩子的咨询情景时，埃德蒙在桌子上放了一些小火车车厢，排列并把它们连接和联系起来。他离妈妈只有两英尺远（译者注：1英尺 = 0.3米）。一会儿，他趴在妈妈的大腿上，在很短的时间里像婴儿一样。妈妈自然而且充分地回应着。接着他自然而然地从妈妈身上下去了，倚着桌子又开始玩耍。我和他妈妈谈得越来越深入，而埃德蒙的这一切也同时进行着。

20 分钟后，埃德蒙开始活跃起来，他走到房间的另一头，那有一堆新鲜的备用玩具。他从乱七八糟的玩具中拿了一团绳子。妈妈（毋庸置疑受到他选绳子的影响，但并未意识到其中的象征意义）做了这样的评论："在埃德蒙口头表达最差的时候，他最缠人，需要与我真实的乳房接触，也需要我真实的大腿。"这段时间内，埃德蒙开始口吃时，他也变得顺从了。但他的口吃时好时坏，最后，他干脆放弃了讲话。在咨询时间段里他又变得开始合作了。妈妈把这看作是他从成长中的倒退里改善的迹象。

我一边关注着埃德蒙的游戏，一边继续着与母亲的咨询。

现在埃德蒙边玩着玩具，边在嘴里鼓了一个泡泡。他开始全神贯注地玩绳子。他母亲说：婴儿时期，他除了乳房，别的什么都不要，直到他长大，他只要一只茶杯。"他无法忍受任何替代品"，她说，意思是他不愿离开婴儿奶瓶，拒绝替代品成为他性格中持久的特点。即使是他非常喜欢的外祖母，他也不能完全接受，因为她不是实际的母亲。到现在为止，他只让他的妈妈晚上哄他睡觉。他刚出生时母亲的乳房有点问题，在最初的时日里他用牙龈来衔接，也许这是当母亲处于一种脆弱状态时，出于自我保护所采取的一种保险措施。10 个月时他萌出了一颗牙齿，偶尔他会咬人（乳房？），但并不会咬出血。

"他不像老大那么好带，是个相当不容易相处的婴儿。"

所有这一切，掺杂着妈妈希望与我讨论的其他事占据着治疗时间。此时埃德蒙似乎关心着暴露出来的绳子一头，绳子的其他部分还是缠成一团。有时他会摆个姿势，就好像把绳子头当成电插头一样插进妈妈的大腿。可以观察到：尽管"他忍受不了替代品"，但他会把绳子作为与妈妈联结的象征。很清楚，绳子同时既是分离的象征，又是一种对于联结的表达。

妈妈告诉我他有一个过渡性客体，称为"我的毯子"——他可以使用任何有缎子镶边的毯子，就像他在婴儿早期最早用的那个。

此刻，埃德蒙相当自然地放下了玩具，爬到沙发上，像动物一样爬向妈妈，蜷曲在妈妈腿上。他在那待了大概3分钟。妈妈自然地回应着，丝毫也不夸张。然后他伸直身体，回到玩具边。现在他把绳子（他感兴趣的）放在桶底部，像铺床，接着开始把玩具放进去，这样（玩具）可以有一个软软的地方躺着，像摇篮或帆布床。再一次地，他与妈妈联结后，又回到玩具旁，他准备走了，妈妈和我已谈完了我们的事。

在这个游戏中他印证了妈妈所讲的许多东西（当然，妈妈也谈了她自己）。他已经显示出在他分离和回到依赖的过程中的起起伏伏。但这不是心理治疗，因为我是与妈妈一起工作的。在我与妈妈交谈时，埃德蒙所做的仅仅是表达占据他生命的观念。我并没有打断,我必须假定这孩子很容易玩像这样并不需要旁人观看或接收表达的游戏,这些表达可能是与自体一部分的一种交流,也就是观察自我。因为我碰巧在那镜映了发生的事,由此而进行了一定程度的交流(参见Winnicott,1967b)。

黛安娜(Diana),5岁

如同第一个例子,在第二个例子中我不得不同时进行两个咨询,一边与苦恼的妈妈谈话,一边与黛安娜维持游戏关系。黛安娜有个小弟弟(在家里),智障,心脏有先天性缺损。妈妈前来讨论儿子对她自己和女儿黛安娜的影响。

我跟这位母亲聊了1个小时,孩子一直和我们在一起。我的任务有三个层面:应妈妈的需求,给予妈妈我全部的关注;与孩子游戏;记录黛安娜游戏的性质(为了写这篇文章)。

事实上,黛安娜从一开始就掌控了局面。在我开门让妈妈进来时,一个热心的小姑娘就抢先做自我介绍,把一只小泰迪熊举在我面前。我没有看着妈妈或她,而是直视泰迪熊,问:"它叫什么?""就叫泰迪。"她回答道。于是黛安娜很快就跟我建立起一种稳定的关系。为了做好我的工作,即满足母亲的需要,我必须保持这种关系。在咨询室中,黛安娜自然而然地觉得我时时注意她,而我也完全可以做到给予母亲她所需要的关注,同时也与黛安娜游戏。

描述这个案例时,就像描述第一个案例一样,我会描述我与黛安娜之间发生的细节,而不提我与母亲咨询的内容。

当我们三个进入咨询室后，母亲坐在沙发上，黛安娜则坐在儿童桌附近的小椅子上。她拿起小泰迪塞进我的上衣口袋。她想看看熊可以塞到多深，所以又检查我夹克的缝线，接着她开始对各种各样的口袋以及口袋间的互不相通产生兴趣。发生这些时，母亲和我正在严肃地谈论那个2岁半、智力发育迟滞的孩子，这当中，黛安娜补充了信息："他的心脏有个洞。"可以说，她游戏时还竖着一只耳朵呢。这使我觉得似乎因为弟弟心脏上的洞，她能够接受他躯体的残疾，但现在她尚不能理解弟弟的智力障碍。

在黛安娜与我玩的游戏中，没有治疗成分，所以我们可以尽情地玩。当孩子们与有能力游戏同时又可以自由玩耍的人一起游戏时，他们会玩得更自在。忽然，我把耳朵贴近口袋里的泰迪熊说："我听见它在说什么。"她对此很感兴趣。我说："我认为它希望有人陪它玩。"我告诉她，如果她在房间另一端的架子下的玩具堆里寻找，她就能找到一头羊毛做的羊。也许是我想把泰迪熊从口袋里拿出来才这么说。黛安娜过去拿到了羊，虽然比熊要大很多，但她在泰迪熊和羊之间采纳了我关于交朋友的主意。有一段时间，她把泰迪熊和羊一起放在离母亲坐的沙发很近的睡椅上。我当然继续进行着和母亲的会谈，我注意到，黛安娜对我们的谈话保持兴趣，所以分了一部分心思来注意。这部分显示了她对成人及成人态度的认同。在游戏中，黛安娜决定把两只动物当作她的孩子。她把它们放在她的衣服下面，假装怀孕。经过一段怀孕期后，她宣布它们要出生了，但"它们不会成为双胞胎"。她做得很清楚，羊先生出来，然后才是泰迪熊。生产结束后，她把两个"新生的孩子"放在地板上临时拼好的床上，并帮它们盖好被子。开始，她把一个放在一端，另一个放在另一端，说如果放在一起它们就会打架。它们可能会在床上碰面，在衣服的下面打起来。然后，她就又把它们放在床的床头顶部，让它们乖乖地睡在一起。现在，她在桶和一些箱子中拿了许多玩具。她把这些玩具放在床头周围的地板上，跟它们玩耍。游戏次序井然，同时有几个不同的主题在展开，都各不相干。我再度加入进来，贡献着我的点子。我说："噢，看啦！你在宝宝床头的地板上摆出了他们睡觉时所做的梦。"这个观点触动了她，她接受了，继续发展不同的主题，好像为婴儿们做梦似的。这些游戏让我跟她母亲有空可以交谈，因为我们迫切需要一些时间来谈正事。就在此时，母亲突然哭泣起来，深感困扰，而黛安娜抬眼看了一会儿，开始要感到不安。我告诉她："妈妈哭是因为她想到你生病的弟弟了。"这消除了黛安娜的恐惧与疑虑，因为这既直接，也是事实。于是她说道"心脏上有个洞"，便继续为婴儿们做他们的梦。

所以，黛安娜并不是为她自己来找我的，而且并没有表示出她需要任何特殊的帮助，她只是与我玩，也可以自己一个人玩，同时又留意她母亲的状态。我能观察到母亲必须把黛安娜带来，因为有一个生病的男孩，这使母亲感到很深的困扰，直接面对治疗师会令她过于焦虑。后来，母亲自己来见我，不再需要孩子来分散注意力。

在之后我单独见母亲的一次治疗中,我们有机会重温上次我看见她和黛安娜在一起时所发生的那些事。母亲补充了一个重要的细节,即黛安娜的父亲十分鼓励黛安娜早熟,最喜欢她像个小大人的样子。在这些材料中,可以察觉到黛安娜的自我发展比较早熟,她认同母亲,而且懂得为母亲分忧,帮她面对弟弟生病的难题。

回顾上次发生的事,我想可以这样说:黛安娜在来见治疗师之前已经做好准备了,尽管会谈并非是为她的利益而安排的。从妈妈告诉我的信息中我能明白:黛安娜做好了准备,就好像她知道她会来见一位心理治疗师一样。出发前,她已经收集了她的第一批泰迪熊和已被她抛弃了的过渡性客体。她并没有把后者带来,不过她准备在她的游戏活动中组织一个要经历某种退行性经验的游戏活动。与此同时,我和她妈妈目睹了黛安娜认同其母亲的能力:不仅仅在于怀孕方面,而且在于承担照顾弟弟的责任方面。

在这里,和埃德蒙的个案一样,游戏是一种自我治愈。在每个个案里,其结果(成效)是可以和一次心理治疗相媲美的,而在心理治疗中,治疗师的诠释会打断这个故事。治疗师很可能不会像我这样主动与黛安娜游戏,例如我听到泰迪熊在说什么,以及我说黛安娜的孩子们在地板上做梦。但是,这种将自我带入的训练可能会抹杀黛安娜游戏体验的创意。

我选择这两个例子,只是因为在我正忙着撰写构成本章基础的论文的那天早上,这两个案例的母亲恰好接连来找我。

游戏的理论

描述在发展过程中的一系列关系问题，并观察和了解游戏究竟属于这些关系中的哪个环节，这一点是有可能做到的。

A. 婴儿与客体互相融合。婴儿主观地看待客体，而母亲的职责是让孩子明白自己发现的事情是真实的。
B. 婴儿先拒绝接受，后来又重新接受，并客观地构想理解。这个复杂的过程高度依赖于一个母亲或母亲角色的存在，她时刻准备着，把婴儿丢出来的东西送回去。

这意味着母亲（或母亲角色）扮演着在婴儿有能力发现与她自己等待被发现这两极之间往复摆荡的角色。

如果母亲在很长一段时间可以（所谓的）没有障碍地扮演这个角色，这个婴儿就会拥有一些神奇的控制体验，也就是我们在描述内心过程时所说的"全能"体验（Winnicott，1962）。

假如母亲把这种困难的事做好，则婴儿就会产生信心（如果她做得不好，就产生不了），进而可以开始享受最初的人生体验。这个体验的基础来自于内心过程的全能与婴儿对真实世界的掌握是紧密结合的。婴儿对母亲的信心使母子之间创造出一个中间的游乐场。在这里，因为婴儿确实有某种全能体验，因而会有神奇的想法产生。所有这些都在很大程度上受到埃里克森关于认同形成概念的启发（Erikson，1956）。我之所以称之为游乐场，是因为游戏开始于此。游乐场的潜在空间存在于母亲和婴儿之间，或者说，是这个潜在空间把母亲和婴儿连接起来。

  游戏极其令人兴奋，但游戏令人兴奋并不主要因为它涉及本能，请大家务必要清楚这一点！跟游戏有关的重点始终是，个人的心理现实与对真实客体的掌控经验这二者间的相互作用随时都是岌岌可危的。魔法本身是岌岌可危的，原因是亲密关系需要来自一份可靠的关系。若想成为可靠的关系，则这种关系必须被母亲的爱，或她的爱-恨，或她的客体关系所驱使，而不是靠反向作用的防御机制。当患者不能游戏时，治疗师必须仔细致力于处理这个主要症状，才能解释患者的行为举止。

  C. 下一个阶段是有某人在场时独处。现在，孩子在一个假设前提下玩游戏，即一个爱他（她）（有爱的能量的人）而又值得信赖的人是随叫随到的，即使在被遗忘后又记起时依然如此。孩子觉得这个人会对在游戏中发生的事情给予回馈③。

  D. 这个孩子现在准备好了进入下一阶段，即允许并享受两个游戏领域的重叠。首先，肯定地说，是母亲在和婴儿进行游戏，但她得非常小心地融入婴儿的游戏活动。不过迟早，她会向小婴儿介绍她自己的游戏，而且她发现，在喜不喜欢别人的想法这一点上，每个婴儿会很不相同。

---

③ 在我的论文 *The Capacity to be Alone* 中有对这种经历更细致的讨论（1958b）。

这样，在主客关系中一起游戏的道路就铺设好了。

当我回顾过去那些记录着我思想发展的论文时，我能看出来，我对母子在信任关系中游戏的兴趣一直是我咨询技巧的一个特色，在我的第一本书中，写了下面这个例子（Winnicott，1931）。十年后，我又在我的文章《在设定的场景里观察婴儿》（*The Observation of Infants in a Set Situation*）（Winnicott，1941）中更进一步地阐述了这些内容。

幻觉实例

一位女孩，第一次来医院时 6 个月大，重度胃肠感染。她是（家中的）头胎，母乳喂养。直到 6 个月都有便秘的倾向，但后来却缓解了。

7 个月时，她又被送来，因为她开始在清醒时躺着哭泣。她进食后就呕吐，不能享受母乳喂养。采取了替代性的喂养方式后，她几周内就断了奶。

9 个月时她开始痉挛发作，并连续发作了几次，通常在早上 5 点，醒后一刻钟开始发作。身体两侧都有发作，持续 5 分钟左右。

11 个月时，痉挛发作很频繁。妈妈发现通过转移孩子的注意力可以阻止孩子的发作。一天内，她不得不这样做四次（转移孩子的注意力）。孩子变得神经质，很小的声音也会惊动她。她在睡眠中发作过一次。有几次发作中，她咬了自己的舌头，还有几次她尿失禁。

到 1 岁时，她一天发作四五次。母亲注意到她有时在喂饭后坐起来，把身体弯下来，然后就发作了。喂她喝点橘子汁也会引起发作。有一次把她放着坐在地板上时，发作就开始了。有一天早晨，她醒来后，立即就发作了，接着又睡了；很快，她再次醒来，又发作了一次。在这个阶段，发作后她会接着想睡觉。但即便是在这种病情严重的阶段，母亲也常常能在早期通过转移孩子的注意力来终止一次发作。当时我写了这样一段评注：

"把她抱上我的膝盖，她不停地哭，但并未显示出敌意。哭泣时，她用一种漫不经心的方式扯我的领带。把她还给她母亲，她也并没有显示出对这种改变的兴趣，而是继续哭泣，哭得越来越可怜，从穿衣服开始哭，一直哭到被送出大楼。"

就在这一次，我亲眼目睹了一次痉挛发作，其特征为强直性阶段和阵挛性阶段之后，紧接着她就睡了。孩子一天发作四五次，整天哭泣，虽然晚上会睡觉。

仔细的检查未显示出孩子有器质性疾病的迹象。根据需要，白天喂食溴化物。

在一次咨询中，我把孩子抱在膝盖上来观察她，她偷偷摸摸地试图咬我的指关节。三天后，我又一次把她抱于我的膝盖上，等着看她究竟会做些什么。她咬了我的指关节三次，咬得太狠了，皮都要咬破了。然后她在地板上连续不断地扔压舌板，玩了有 15 分钟。所有的时间里她都在哭，好像她真的不高兴。两天后，我再一次把她抱在膝盖上有半个小时。在先前的两天里，她有四次抽搐。开始的时候，她像往常一样哭泣。她又一次非常狠地咬我的指关节，这一次她没有显示出内疚的感觉，然后她玩咬和扔压舌板的游戏；不过，在我的膝盖上她变得能享受游戏了。过了一会儿，她开始触摸自己的脚趾头，故而我把她的鞋袜拿走了。这样做的结果是——一个试验的时期出现了，并吸引了她全部的注意。压舌板可以被放进嘴里、扔出去并且遗失，而脚趾头却并不能被拔掉。看起来，她好像一次又一次地发现并证明了这点，这令她十分满意。

四天后，她母亲来了，说自从上次访谈后，她的孩子变得不同了。她不仅不再痉挛发作，而且夜间睡得很好——整天高高兴兴的，不再服用溴化物。十一天后，还保持这样的进步，并没有用药；已经有十四天没有痉挛发作了，母亲要求准许离开。

一年后，我见到了这个孩子，发现最后一次访谈后，无论什么样的症状，她都没有了。我看到的是一个完全健康、快乐、聪明和友善的孩子，喜欢游戏，没有一般常见的焦虑。

心理治疗

在孩子的游戏和其他人的游戏之间，存在一个重叠的区域。在此，我们有机会将其变得丰富起来。教师的目标在于改进。相比较而言，治疗师特别关注孩子自身的成长过程，关注去除可能在发展中逐渐变得明显的阻碍。正是精神分析的理论使这些阻碍得以理解。与此同时，假定精神分析是唯一充分利用孩子游戏治疗的方法，这也是一种狭隘的观点。

游戏本身是一种治疗，记住这点是很好的。安排孩子游戏，这本身就是心理治疗，这种心理治疗可以随时随地开始，它还包括建立一种关于游戏的正面的社会态度。这种态度必须包括这样的认知，即游戏总是倾向于使人感到恐惧。游戏以及组织游戏都必须努力防止其出现令人恐怖的一面。在孩子游戏时，负责的人必须在场，但这并不意味着负责人必须进入孩子的游戏。当一个组织者必须涉入管理的位置时，这暗示着孩子或孩子们不能用我所指的创造性意识来游戏。

我表达的重点是：游戏是一种体验，而且是一种创造性体验，它是一种在时空连续统一体中的体验，是生存的基本状态。

游戏的不确定性来自这样一个事实，即游戏总是处在主观和客观构想之间的理论线上。

我的目的只是简单地给以提醒：尽管心理治疗师是基于这些材料——游戏的内容进行工作的，但孩子的游戏里什么都有。很自然，在经过设计的或专业的一小时里所呈现的东西会比在家里的地板上没有时间限制的体验中所呈现的东西更为精确（Winnicott，1941）。如果我们明白我们所做的一切的基础就是患者的游戏，是发生在时间和空间里的一种创造性体验，是患者深层次的真实，这将有助于我们理解我们的工作。

这种观察还帮助我们理解深入进行的心理治疗是如何在不做解释的情况下进行的。例如纽约Axline（1947）的研究，她的心理治疗著作对我们而言非常重要。我特别欣赏阿克斯莱的作品，因为她把她的工作与我在我所谓的"治疗性咨询"报告中所提到的联系起来，即重要的时刻是孩子使他（她）自己大吃一惊时，而不是我进行精彩解释的时刻（Winnicott，1971）。

在材料成熟之外的解释是向别人灌输自己的观点，以及建立服从（Winnicott，1960a）。一个推论是阻抗来源于这样的解释，即对患者与治疗师一起游戏的重叠区域之外的解释。当患者没有能力游戏时，解释是一点用都没有的，或者说会引起混乱。如果是交互的游戏，根据被接受的精神分析原则，解释可以带动治疗工作向前推进。如果要进行心理治疗，这种游戏必须是自发的，而不是去顺从的。

总结

1. 想要了解游戏，思考小孩子游戏特征中的全神贯注是有帮助的。内容并不重要，重要的是几乎脱离现实的状态，这与年长一些的孩子及成人的注意力集中是同一种状态。游戏的孩子处在一个他（她）不那么容易离开的区域，而这里也不允许侵犯。
2. 游戏的区域并不是内在心理现实。它存在于个体之外，但又并不是外部世界。
3. 在游戏中，孩子搜集客体和外部世界的现象，并利用这些服务于一些来自内部或个人现实的样本。并非带着幻觉，孩子取出一个可能是梦的样本，再从外在现实中选择片段作为环境，然后带着这样的样本生活在这样的环境中。

4. 在游戏中，孩子操控外在现象来服务于做梦，又将梦的意义和感觉投入到外部现象中。
5. 从过渡性现象到游戏，从游戏到分享游戏，再从这些到文化体验，有着直接的发展。
6. 游戏暗示着信任，并属于婴儿（首先是婴儿）和母亲角色的人物之间的潜在空间，此时婴儿处于几乎是绝对依赖的状态，并认为母亲角色的人物具有适应性功能是理所当然的。
7. 游戏之所以涉及身体：
   （1）是因为对客体的操纵；
   （2）是因为某类强烈的兴趣与身体兴奋的某些方面是相关的。
8. 性觉区的身体兴奋常常对游戏造成威胁，因此会威胁孩子作为一个人而存在的感觉。对于自我，本能是游戏的主要威胁；在性诱惑中，某些外在部分利用孩子的本能，毁灭孩子作为一个独立个体而存在的意识，使游戏不可能再进行下去（参见 Khan，1964）。
9. 游戏本质上是令人满意的，即使它会导致高度的焦虑。当焦虑达到无法承受的程度时，就会毁灭游戏。
10. 游戏中的愉快元素暗示，本能的唤起并不会过分。本能的唤起超过某临界点后必然会导致：
    （1）高潮；
    （2）失败的高潮和精神错乱的感觉及身体上的不舒

服，只有时间能修补；

（3）替代的高潮（例如挑衅父母或社会反应、愤怒等）。

　　可以说，游戏能到达其自身的饱和点，即能容纳体验的能力。

11. 游戏本来就是令人兴奋和不确定的。这个特点并不是来自于本能的唤起，而是来自于孩子心灵的交互影响，即被主观构想的（近幻觉或错觉般的）和被客观觉知的（实际的或共识的现实）之间的交互影响。

4

游 戏
——创造性活动和自体的寻找

现在我将要讨论游戏的一个重要特点。那就是在游戏中,也许仅仅是在游戏中,孩子或者成人都可以自由地创造。这个想法是伴随着我所提出的过渡性现象的概念而形成的,还考虑到了过渡性客体理论中难以理解的部分,因为这个理论中有一些似是而非的部分是需要被接受、容忍而不能被解决的。

这里还有一个很重要的理论细节,与游戏的位置有关,这个问题我在第 3 章、第 7 章和第 8 章里都进行了讨论。这个概念的一个重点是:尽管内部现实在精神上、在腹部或者大脑中,或者在个体的人格范围,而所谓的外部现实超出了这些范围,但如果运用母亲和孩子之间潜在空间的概念,则游戏和文化经历仍能够被给予一个位置。在不同的个体发展中,必须承认母亲和孩子之间的潜在空间(即第三个区域)是相当有价值的,这是从孩子和成人的经历中得来的结论。我在第 5 章再次指出了这个观点,并关注于描述个人情感成长的事实,即个人的情感发展不完全与个体相关,还需要考虑到某些领域中环境的作用。

作为一个精神分析师，我发现这些观点影响着我的分析，但没有改变我从事精神分析的一些重要观点，我用这些重要观点教导我的学生和培养精神分析师，我相信这些都起源于弗洛伊德的工作。

我无意于比较精神分析与心理治疗，或者试图给这两个过程（用给这两个过程划分一条清晰的分界线的方式）下定义。通常的原则在我看来都是可行的：心理治疗在患者和治疗师的两个游戏区域的交叠处进行。如果治疗师不能游戏，那么他不适合这份工作。如果患者不能游戏，那么我们可以做一些事情使患者能够游戏，接着，心理治疗就可以展开了。游戏是必需的，原因是在游戏中患者才有创造力。

自体的寻找

在这一章中我关注的是自体的寻找。如果要成功完成自体的寻找，某些条件是不可或缺的。这些条件与我们通常所说的创造力有关。在游戏中，也仅仅在游戏中，作为个体的孩子和成人才能够创造和表达全部的个性，并且只有在创造中个体才能够发现自体。

与此密切相关的事实是，只有在游戏中才有可能交流；唯一的例外是直接的交流，而这属于精神病理学或一些极端不成熟的个案。

在临床工作中时常会遇到这样一类人，他们需要帮助，或正在寻找自体，或试图从自己的创造性体验中找寻自体。帮助这些患者的时候我们必须先了解什么是创造力。这就好像我们在看着一个早期的婴儿直接向前跳跃发展，成为一个玩着粪便或者类似于粪便质感的东西的小孩，并且试图从中制造出某种东西。这种从无到有的创造是有价值的，并且很容易被理解，但我们还需要另外一种研究，就是把创造力作为人生和整个生活的特色来研究。我认为，这种在废弃物中寻找自体的过程，最后注定是没完没了和不会成功的追寻。

寻找自体的人会创造出有价值的艺术品，但即使是广受欢迎的艺术家，也可能无法找到他们所寻找的自体。自体不会在身体和心灵所创造出的作品中被找到，无论这些作品从审美、技艺和影响力的角度来说多么有价值。假如一个艺术家（无论是哪方面的创作）正在寻找自体，那么这个艺术家很可能在广义的创造生活方面已经有些失败。已经完成的艺术作品不能疗愈根本的自体缺失感受。

在进一步阐述这个观点之前，我必须陈述第二个主题，它与第一个主题有关，但必须区别对待。第二个主题是，我们竭力去帮助的患者，在我们给出解释的时候，很可能认为自己已经痊愈了。患者可能会说："我明白你的意思；当我感到有创造力和做出创造性姿态的时候我是我自己，现在探索已经完成。"但事实上并不是这样。在这种工作中，我们知道无论怎样正确地解释，往往也是无效的。我们试图去帮助的患者需要在一个特殊的环境中培养新的体验。这种体验是一种无目的的状态，就好像你也可以说是使没有整合好的人格进行缓慢运转。在第2章里，我把它作为一种无定型的状态。

个体能否开放，还必须要考虑到环境的可信赖性和不可信赖性。我们的教养需要区分有目的的行为以及无目的的生活。这涉及 Balint 的理论（1968）：治疗中的良性和恶性退行（也可以参考 Khan，1969）。

我要特别强调可能放松的必要条件。从自由联想的角度来说就是：必须允许患者躺在沙发上或者孩子在地板上的玩具中间进行一连串的想法、思维、冲动和感知的交流。这些想法之间并无联系，除非我们用生理学或神经病学的方法来探究。也就是说，出于防御的需要，这里有某种目的、焦虑或者缺乏信任感，治疗师能够发现并且指出各个自由联想成分间的联系（或是几种联系）。

这种放松来自于对治疗性环境中专业可靠性的信任和接纳（在分析、心理治疗、社会工作、建筑等方面），对一些毫无关联的序列想法保持开放的空间，而分析师要做的是尽可能地接纳，而不是去假设存在一条重要的主线（参见 Milner，1957；尤其是在其附录中，pp.148-163）。

为说明这两个相关条件之间的对比关系，也许我们可以举下面这样的例子：假设患者在下班后可以去休息，却无法做到真正放松。根据这个理论，自由联想所体现的连贯的主题其实已经被焦虑所影响，而这种想法的连贯性就是防御机制。有一点会被接受，那就是患者有时候需要分析师记录下他（她）随意说出的话，这些话是患者在休息时随口说出来的，我们不必让患者去组织这些话。组织随意语言已经是在防御，正如对混乱进行组织其实是对混乱的否认。无法接受这种交流方式的治疗师会陷入一种无用的尝试，即尝试着去组织这些随意语言，但如果这样做了，患者会因为对传达随意语言的无望而离开随意语言的区域。由于治疗师需要在随意中寻找意义，患者就错过了休息的机会。由于不能够为患者提供所需要的环境，即一种信任感，患者就一直不能得到休息。如果治疗师不知道这些，那么他（她）就背离了一个职业性的角色，他（她）只是屈于做一个聪明的分析师，即把混乱整理清楚。

这种情况在两种睡眠状态中得到反映，它们表示为 REM 和 NREM（快速动眼相和非快速动眼相）。

为了进一步发展我的推论，我需要以下的顺序：

1. 在既往经验的基础上对于信任的环境放松；
2. 在游戏中展现具有创造性的、生理的和精神的活动；
3. 这些体验的总和形成了自体感受的基础。

总结和回应取决于被信任的治疗师（或朋友）一方在（非直接）交流中对个体的一定质量的回馈。在这些高度特殊的情景下，个体能够得到整合，作为一个整体存在，而不是作为对抗焦虑的一组防御，从而能表现出"我在""我活着""我就是我自己"（Winnicott，1962）。在这种状态下，一切都是可创造的。

案例说明

我希望用一位我所治疗的女性患者的治疗记录来做说明，治疗时期她每周来 1 次。她在接受我的治疗之前，曾经有长达 6 年的时间每周接受 5 次治疗，她认为她需要一个无限期的治疗，而我仅仅给她提供了每周 1 次的治疗。我们很快将一次治疗的时间设置为 3 个小时，以后减为 2 个小时。

如果我能够给出对治疗过程的详尽描述，读者会发现在很长一段时期里我都没有做解释，很多时候甚至一声不吭。这种严格的治疗方式非常有收获。我做记录，因为这可以帮助我一周只做一次治疗，而且我发现做记录并没有扰乱这个治疗。我也经常把我因为节制而没有说出的解释记录下来，用以缓解自己的焦虑。当患者自己开始做解释的时候，我的节制终于有了回报，尽管会是在 1 个或者 2 个小时之后。

我描述这些，是为了恳请每位治疗师都允许患者尽可能去表现，也就是在分析过程中，让患者有创造力。如果治疗师总是知道得太多，患者的创造力很容易被治疗师偷走。问题不在于治疗师懂得多少，真正的问题是治疗师怎么隐藏他的博学，或者是怎样克制自己不去炫耀自己的知识。

让我尽力去表达一下我和这个患者工作时的感受。但是我必须请读者保持足够的耐心，就像我在这个治疗中所需要的耐心一样。

一个治疗性会谈的例子

首先，治疗中提到的是一些生活细节和关于睡眠的安排——她每次过度兴奋后都会失眠，所以她需要为睡眠准备书籍，一本好看的书和一本恐怖的书；疲倦但亢奋的感受令心中如此不安,就如同此刻,她的心跳加快。然后提到一些关于吃的困难:"我希望当我饿了的时候就能够吃东西。"(食物和书在这散漫的谈话中的本质是相同的。)

"我希望你早就知道,当你打电话来的时候我高兴过头了。"(兴高采烈地)

我说:"是的,我想我知道。"

描述一段有些虚假的进步。

"但是我知道我是错的。"

"这一切看起来如此有希望,直到我意识到我错了……"

"抑郁和要命的感觉,开心的感觉,那都是我。"

(半小时过去了。患者有时坐在一个矮矮的椅子上,有时坐在地板上,有时在走动。)

从她的谈话中,可以得到关于她性格的正面和负面的描述。

"我似乎没办法好好活着——不像我真实的样子——像有一个屏幕——透过玻璃在看——想象中的样子不在那里。那就像一个婴儿在想象着他(她)要的乳房吗?在我以前的治疗中,有一次在结束治疗回家的路上,有一架飞机从我的头上飞过。我第二天告诉我的分析师,我突然想象我在飞机上,飞得很高。然后飞机坠落到了地面。我的治疗师说道:'那就是当你把自己投射到外界事物中时发生的事情,它会造成内部的冲突。'"[1]

---

[1] 我无法验证她对前一个治疗师转述的准确性。

"很难记起——我不知道那是否是对的——我真的不知道我想说什么。就好像内心一团糟，坠毁了。"

（一个小时已经过去了四分之三。）

她开始出神地望着她站立的窗外，看着一只麻雀在地上啄食，突然她说："它把一些面包屑带到了它的巢穴，或者其他的什么地方。"然后她说："哦，我突然想起了一个梦。"

梦

"某个女学生不断带来她画的画。我如何告诉她她的这些画是没有进步的？我想是通过让我处于孤独状态去体会抑郁……我最好停止看麻雀——我不能够思考。"

（她坐在地板上，头靠着椅垫。）

"我不知道……但是你看这里应该有点进步。"（她用生活细节来说明。）"就好像这里没有一个真实的我。孩童时代的一本糟糕的书叫做《空空而回》（*Returned Empty*）。那就是我的感受。"

（现在一个小时过去了。）

接着她用了诗句——引用了克里斯蒂娜·罗塞蒂（Christina

Rosetti)的《逝去》(*Passing Away*)。

"我的生活在含苞待放时逝去。"她接着对我说,"你带走了我的上帝!"

(长时间的停顿。)

"我只是向你倾诉所有我想到的事情。我不知道自己在说什么,我真的不知道……不知道……"

(长时间的停顿。)
(再次望着窗外。接下来是 5 分钟的彻底沉默。)

"就像一块飘浮的云彩。"

(现在大约一个半小时过去了。)

"你知道我告诉过你我用手指在地板上作画,我是怎样变得恐惧的。我无法拿起手指画。我的生活一团糟。我该怎么办?如果我让自己读书和画画会好一些吗?(叹气)我不知道……你看,在某种意义上我并不喜欢因为用手指作画而把手指弄脏。"

(头又靠到了椅垫上。)

"我很不情愿进这房间。"

（沉默。）

"我不知道，我觉得没有被重视。"

我对待她的一些奇怪的行为方式暗示她是没有被重视的。

"我一直在想，只需要十分钟就可能毁了我的一辈子。"（她提到的是目前还不明确的、一直在处理的原始创伤。）

"我猜这个创伤会经常重现，才会让痛苦如此深刻。"

她描述对她童年各个时期的看法——她一直是多么努力地按照她认为自己被期望的样子去感受被重视。这似乎是在引用杰勒德·曼利·霍普金斯（Gerard Manley Hopkins）的诗句。

（长时间的停顿。）

"这是一种对不被重视的绝望感。我不在乎……这里没有上帝，我不在乎。想象一下，一个女孩子在度假的时候给我寄来一张明信片。"

在这里我说："似乎她很在乎你。"

她回答："或许是的。"

我说："但是你对她或其他人都不重要。"

她说："我想，你看，我不得不去找是否有这样的一个人（对这个人来说，我是重要的），一个与我有关的人；一个可以接受，可以与我所听、所见相联系的人。或许最好是放弃，我看不见……我……"（弯向椅垫，在地板上抽泣。）

她想尽办法让自己平静下来,这是她的个性,然后她跪在地上。

"你看,我今天仍然没有和你真正地沟通。"
我回应了一声,表示同意。

我在对一种现象做观察:目前的材料都是尚未组织的、还不定型的运动和感觉的游戏(参见第44页),绝望的经验和抽泣在这里得以展现。

她接着说:"这就像另外两个人进了另一个房间,第一次见面,礼貌地会谈,坐在高高的椅子上。"

(我在她的治疗过程中通常坐在一个高高的椅子上。)

"我恨它,我感到痛苦,但是因为只是我在痛苦,所以没有关系。"
我进一步的行为表明:因为痛苦的人是她,所以是没关系的,等等。

(停顿,叹气,显示出无助感和无价值感。)

抵达(在几乎两小时后。)

现在，临床改变开始出现了，患者第一次在治疗室中和我在一起。这是我为了弥补她错过了治疗时间而增加的额外治疗。

她说（就像她第一次对我说的一样）："我非常高兴，因为你知道我需要这次治疗。"

现在的内容是关于特定的恨，她开始找寻一些属于我的蘸水笔。然后她拿出一张纸，用黑色的蘸水笔为自己做了一张生日纪念卡。她管这张卡叫做她的"祭日"。

现在，在治疗室里她和我待的时间很长了。我省掉了一系列来源于现实观察的细节，所有这些细节让人想到了憎恨。

（停顿。）

现在她开始回顾治疗过程。

"问题是我不记得我对你说了什么——或者我在对自己说什么？"

解释性干预

这里，我做了一个解释："所有的一切发生，然后凋亡。这是你无数次的死亡中的一次。但是如果有人在那里，这个人可以反馈给你发生过的事情，然后被这种方式处理过的细节就能成为你的一部分，那么你就不会死去。"②

她现在拿了些牛奶，她问我她是否可以喝③。

我说："喝吧。"

她说道："我告诉过你……吗？"（这里她报告了可证明她活得真实和她生活在现实世界里的一些积极的感受和行为。）"我感觉我和这些人进行了某种接触……尽管有某种东西在这里……"（再次抽泣，斜靠在椅背上。）"你在哪里？为什么我是如此孤独？……为什么我不再重要？"

大量的孩童时代的记忆出现了，和生日礼物的关系以及生日礼物的重要性，积极和负面的生日经历。

> 我在这里省略了很多，因为如果想让我写的内容可以被更好地理解，我需要提供新的真实的信息，不过这次陈述中尚不需要这么多信息。所有这些指向了一个不确定的中间区域，她就在这里——但仍处在一个结果未知的活动中。

"我不认为……我认为我浪费了这次治疗。"

（停顿。）

---

② 即自体的感觉来自于未整合的基础状态。根据定义，这种状态没有被个体观察到并被记忆，并且这种状态无法获取，除非在被观察和被某人（这个人是可信任的，并且被证明了是可信赖和可依赖的人）镜映。
③ 在这个分析中，提供了牛奶、汽水、咖啡、茶和一些饼干。

"我感觉我是来见什么人的，但他们没有到。"

此刻，我发现我是在把她从一刻到另一刻的遗忘以及她对细节反馈的需要与时间因素联系起来。我对她说过的话进行了反馈，首先选择了谈她的出生（因为"生日—祭日"），其次谈我的行为，我的行为从很多方面暗示她并不重要。

她接着说："你知道，我有时有一种我出生时的感觉……（崩溃）。如果它没有发生就好了！它降临到我身上——这和抑郁不同。"

我说："如果你根本没有存在过，那可能会很好。"

她说："但是消极的存在是多么难受！我从来没有一次认为出生是一件好事情！如果我没有出生的话会好些——但是谁知道呢？我不知道，或许是一个想法：如果不出生，难道不能以别的形式存在吗？或许有一个灵魂正急等着进入一个身体。"

现在态度改变了，暗示着她开始接受我的存在。

"我一直在打断你的话！"

我说："你现在想要我说，但是你又担心我会说些什么好话。"

她说："它在我的心里：'不要强迫我成为希望的那样！'"④ 这是霍普金斯（Hopkins）诗里的一句。

---

④《腐肉的安慰》（Carrion Comfort）的诗句原文是：
  "不，我不会……
  ……太厌倦，我再也不会哭泣。
  我会期盼着明天的到来，不必再选择死亡。"

我们现在聊到诗歌，聊到她是怎样用心去运用诗句，她是怎样生活在一句又一句的诗的中间（就像一根接着一根抽烟一样），但是她那时没有现在对诗句的体会和理解。（她经常会恰当地引用诗句，但是却不知道它的意思。）这里我指出上帝是存在的最高形式，当个体对人生感到困惑时，这是个有用的概念。

她说："人们提到上帝就像是在说一位分析师——某个当你游戏时他会在边上的人。"

我说："你对谁很重要？"——而她说："我不能回答，因为我不确定。"

我说："我这样说你会扫兴吗？"（我担心我把一个好的治疗给搞糟了。）

但是她说："不，由你说出来是不同的，因为如果我对你重要……我会想做一些事情来取悦你……这是从小被宗教信仰教育带来的恶果。该死的乖乖女！"

作为自我观察，她说："这表明我有一种不愿变好的愿望。"

这里是一个患者自己做解释的例子，如果我过早地在治疗中做解释，那么这种解释会从患者那里被偷走。

我指出，对她来说，对目前状况良好的表达就是健康——即完成分析等。

现在，我终于可以对那个梦进行讨论了，在梦中女孩的画没有进步，这个否定如今是事实。患者不健康是真的，不健康就意味着不好；她的病情看上去有改善是个假象，就好像她在生活中试图去适应家庭的精神准则，这是个错误。

她说："是的，我正在用我的眼、耳、手作为工具；我从来不是百分之一百的我自己。如果我能够释放我的双手，我就能找到自己，触摸自己……但是我不能。我需要释放几小时。我继续不下去了。"

我们讨论了这种对自己说话的方式并不会得到反馈，除非是那谈话曾经得到别人而不是自己的反馈。

她说："我一直试图让你明白我很孤独（在治疗的前两个小时）；那就是在孤独时刻我的表达方式，尽管没有语言，因为我不让自己对自己说话。"（那样是在发疯。）

她继续说她怎么用房间里的许多镜子，包括将别人的反馈作为镜子来寻找自体。（她一直在向我表达，尽管我在那里，却没有人反馈。）因此，我说："那个寻找自体的人就是你自己。"⑤

我质疑这个解释，因为它有点像保证，尽管我并无此意。我的意思是，她活在寻找的过程中，而不是活在找到和已经被找到的部分中。

她说："是的，我更愿意停止寻找，而只是活着。寻找证明有自体存在。"

现在我可以回到关于飞机的问题上来了，飞机坠毁了。作为这架飞机，她存在，然后她自杀了。她很容易地接受了这个解

---

⑤ 有时她会引用霍普金斯的诗《春和秋》（Spring and Fall）中的一句："你悼念的是玛格丽特你自己。"

释，并且说："我宁愿曾经存在，然后坠毁，也不愿像现在这样继续下去。"

在这以后的不久她就可以离开了。治疗结束了。可以看到在 50 分钟的治疗中我们不可能做什么实质性的工作。我们只是浪费了 3 个小时。

如果我们能够进行下一次治疗，那么将会看到我们花两个小时才到达今天讨论的地方（这个问题她在治疗后会忘记）。然后患者表达了一个我试图传递给她的有价值的总结。她曾经问了我一个问题，我回答说这个问题的答案将把我们带入一个漫长而有趣的讨论中，但我对这个问题感兴趣。我说："你是带着想法问这个问题的。"

在这以后，她说了我想要说的话。她慢慢地、深情地说："是的，我明白，我们可以在这个问题中假定我是存在的，就好像在寻找中能发现我的存在一样。"

她现在做出了一个关键的解释，我们会说，那个问题只在她有创造力的时候才会呈现，而创造力在放松之后才得以出现，但放松又是和整合相反的。

评语

寻找自体只能来自于不连续的无定型的功能，或者来自于原始的游戏，就好像是处在一个中间地带。只有在这里，这种个体人格尚未整合的状态中，我们所说的创造力才会出现。这个状态如果被反射回来，并且只有被反射回来，才能变成个体人格整合的一部分，最终所有的这些总和起来使个体形成并被发现，并且最终促使他或她去假定自体的存在。

这给予我们关于治疗程序的启示——关于无定型的经验，给创造性冲动、动机和感受提供一个机会，所有这些都是游戏的材料。我们不再向内或向外，而是在游戏的基础上体验我们的存在。我们在过渡性现象区域、在主体与客体现象相互交替的观察中体验人生，在个体内部现实和外部共享现实之间的一个中间区域体验人生。

5

创造力和它的起源

创造力的概念

我希望读者接受创造力的广义说法,不要让这个词迷失在成功的或受欢迎的"作品"中,而是要用它指代面对外部现实的兴趣盎然的生存态度。

创造力的统觉比其他任何东西都能使个体感受到生活的价值。与之相对应的是与外部现实的一种顺从的关系,在这种关系中,我们必须努力融入和适应外界。顺从带给个体自己无用的感受,它与个体什么都不在乎以及生活没有意义的感受相关。令人着急的是,许多个体或多或少地体验过富有创造力的生活,但是他们也承认大多数时候他们的生活是缺乏创造力的,就好像是陷入别人的创造力中,或像机器一样运转。

从精神病学的角度来说,第二种生活方式被认为是一种病态的生活方式①。从某方面来说,我们相信有创造力的生活是一种健康的状态,而顺从是病态生活的基础。我们这个社会普遍存

---

① 在我的论文 *Classification*:*Is there a Psychoanalytic Contribution to Psychiatric Classification*?(1959—1964)中有详细论述,有兴趣的读者可以在论文中了解详细内容。

在的态度和这个时代的哲学氛围无疑助长了这种看法。这恰好是我们此时此地的看法。换个时代、换个地点，我们的看法或许就会不同。

创造性的生活和非创造性的生活两者之间有天壤之别。如果能从一个案例或情景中找出一个或一些极端情况，我的理论会简单一些。当我们谈论个体的外部现实时，我们所依赖的客观程度是可变的，因此这个问题被弄得模糊不清。在某种程度上，客观性是一个相对的术语，这是因为在某种程度上客观性是被主观想象定义的[②]。

虽然本书中这个地方值得考究，但是我们必须要注意的是，对许多个体来说，外部现实在某种程度上仍然是一个主观现象。在极端的例子中，个体或者在一些特殊时刻产生幻觉，又或者在一般状况下产生幻觉。在这种状态下有许多不同的表达方式（"濒死的""不全在那里""脚离开地面""非真实感"），以及像分裂症似的精神病性的表达方式。我们知道这些人如同社群中的人一样，有他们自己在社群中的价值，并且也很快乐，但我们也注意到他们确实有些困难，与他们共同生活的人们尤其有这种感受。他们会主观地看待这个世界，并且轻易地被迷惑，或者即使在大多数方面都脚踏实地，却会在另一些方面接受错觉，或者他们是在身心协调上不具备稳定的结构，因此他们被描述为和谐度很低。有时候生理性的视觉和听觉障碍也会推波助澜，使我们难以辨别究竟是幻觉还是生理异常引起他们的障

[②]参见 *The Edge of Objectivity*（Gillespie，1960），这本书和其他一些书籍中都提到了科学中的创造性因素。

碍。这种情形发展到极端状态时,这些人会在精神病院被贴上精神分裂症的标签,这些标签可能是暂时性的,也可能是永久性的。

在临床上,正常和精神分裂状态之间,甚至是健康和精神分裂症之间,找不到一个清晰的界限,这一点十分重要。正如我们认识到精神分裂的遗传因素,也愿意去理清躯体障碍对个案的影响,我们要带着怀疑的眼光去看待与分裂症有关的理论,特别是如果这些理论将主体从日常生活问题和在已知环境中个人发展的普遍性当中抽离出来时。我们的确意识到环境供给是极其重要的,尤其是在人类的襁褓初期,因此我们做了与人类发展的促进性环境相关的研究,来探索在人类的发展中对环境依赖的巨大意义(参见 Winnicott, 1963b, 1965)。

有的人可能过着满意的生活,甚至做着格外有价值的工作,却又同时有类分裂或精神分裂。他们会因为对现实的歪曲感受而处于一种精神病状态之中。为了平衡这一点,人们会说那些总是很客观地感受现实世界的人恰恰与主观性的感受世界脱节了,无法创造性地应付现实。这些人其实也生病了,差别在于他们生病的原因和精神分裂的人恰好相反。

处理这些事情的确困难,但是只要我们记住,幻觉是清醒生活中的做梦现象,就像白天的事情和记忆中真实发生的事情越过边界进入了梦乡一样,幻觉也并不是疾病。这么想在某种程度上会对我们的分析有帮助[③]。实际上,如果我们仔细回顾我们

[③] 尽管这是继承了弗洛伊德关于梦的形成的假设,但这个事实常常被忽视(参见 Freud, 1900)。

对类分裂者的描述，会发现我们所使用的词语常常是那些用来描述儿童或婴儿的词语，而我们实际上也期待着在这些描述中寻找有精神分裂或精神病性患者特征的现象。

对于本章勾勒的问题，我都会在本书中详细探讨它们的起源点，也就是个体成长和发展的最初阶段。实际上，我非常想研究婴儿究竟是在哪一个确切的点上"类分裂"的，只是我没有使用"精神分裂"这个术语，因为婴儿是不成熟的，并且处于与个体发展和环境角色相关的特殊状态。

就如同无法接触自己梦境的性格外向的人一样，精神病患者也会对自己不满意。这两类人会来找我们进行治疗，因为他们一方面不希望与现实生活脱离联系，另一方面则感到他们疏远了梦境。他们会感到自身个性中有一种分离的部分，并希望在帮助下达到一个时间和空间上的整合状态（Winnicott，1960b），而不是一堆解离的元素，各自活在小框框里④，七零八落的。

为了看清分析师使用的理论中创造力的位置，正如我所强调的，我们需要区分创造和艺术创作。创造可以是一幅画、一幢房子、一个花园、一件服装、一种发型、一曲交响乐或者一个雕刻，也可以是你在家烹饪的任何一种食物。我所关注到的这种创造是十分普通的。它是有活力的。假定它同样存在于一些动物的生活当中，但是它对于动物及低智能的人来说，肯定没有对那些接近平均智力或高智力水平的人来得重要⑤。我们所研

---

④我在强迫性神经症中对此状态进行了讨论（1966）。
⑤需要对原始的精神缺陷以及临床上的精神分裂症和儿童孤独症的次级损伤进行区别。

究的创造力是个体对外部现实的处理能力。只要有良好的大脑功能和足够的智力，就会使个体存活和融入社会，个体身上所发生的一切都是具有创造力的，除非个体生病或感受到环境因素的干扰，从而阻碍个体的创造过程。

我们常常会错误地认为，在两种情况中的第二种中，创造力最终会被彻底摧毁。但是，当我们接触到那些被限制在家里，或终身待在集中营里，或者由于政治原因遭到终身迫害的人时，我们首先会认为这些被迫害的人中只有少数能够保留创造力。这些当然是一些受苦受难的人们（Winnicott，1968b）。首先，似乎存在（不是生活）于这样的环境中的个体会为了避免继续遭受痛苦而放弃希望，并且他们一定会丧失掉一些人类的特性，这会使他们不再创造性地看待这个世界。这是文明的倒退。我们可以从中看到个体的创造力在个体成长的晚期是如何被环境因素破坏的（参见 Bettelheim，1960）。

在这里，我试图去寻找一个问题的答案，即个体创造性地进入生活以及以创造性的方式来面对外部现象的能力是如何丧失的。我关心的是起因，在极端的例子中，人类创造性生活的能力在一开始就失常了。

如同我在前面指出的，我们需要接受一种可能性，即人类创造性生活的能力不会被完全摧毁。即使在最极端的顺从的案例中，个体形成了一些虚假的个性，他们生活中的某个地方也隐秘存在着令人满意的部分，因为对于此人而言，它是具有创造性和原创性的。它的不满意度需要考量，因为它的一部分被隐藏起来，没有办法透过真实生活而获得充实感（Winnicott，

1968b）。

在极端的例子中，所有的这些都是真实的、重要的、个体的和原创的，创造力被隐藏了，在生活中不露一点痕迹。在这样的极端例子中，个体不会关心自己的生死。如果个体总是处于这样的状态，甚至个体自身会混淆什么是存在的、什么是失去的，那么自杀就不是很严重的事情了（Winnicott，1960a）。

因此，我们可以把创造的冲动看成是一个念头，比如一个艺术家要去创造作品，则必然需要这个念头；同时它也可以被看成某种存在，如同任何人（包括婴儿、儿童、青少年、成年人、老年男性或者女性）用一种健康的眼光去看待事物或者经过深思熟虑再去做事情，比如用粪便来制造混乱或者延长哭泣的时间使之成为一种音乐的享受，都需要有这种存在。这就如同一个迟钝的小孩在每时每刻的生活中享受着自己的呼吸，就好像一个突然产生灵感的建筑师在脑海中出现了他的建筑图，而他可能正在思考用怎样的材料才能使他的创作构思体现出来，让世界见证。

精神分析试图去处理创造性这个课题，却在很大程度上丧失了对主题的洞察力。一个精神分析作者或许拥有特殊的艺术天分，尝试着去做一些第二手、第三手的观察，但是却忽视了我们称之为原创的所有事情。我们可以将达·芬奇的作品和他幼年发生的重要或者有意义的事件做一个联系。他大量的作品是和他的同性恋倾向交织在一起的。对伟大的男性和女性既往环境的研究忽视了创造性这个主题的中心。这一类对伟大人物的研究往往难免会激怒艺术家和有创造力的普通大众。我们所要做的研究会惹人生气的原因可能是它们看起来像是有所进展，就好像它们不久就能够解释为什么这个男人会伟大、这个女人会很有成就，但是探寻的方向却是错的。创造性冲动本身这个重要的主题被绕开了。创作反倒挡在观察者和艺术家的创造力之间了。

当然不是说任何人都能够对创作冲动进行解释，也没有人会愿意这样去做；但是我们可以在创造性生活和生活本身之间建立一种联系，这样我们就可以发现创造性生活为什么会失去，以及人们为什么会失去生活的真实感和感到生活没有了意义。

人们会推测在几个时代以前，假设一千年前，只有少数的人能够活得有创造力（参见 Foucault, 1966）。为了对此做出解释，我们不得不说，在某个年代之前可能只有少数杰出的男人和女人在个体发展上达到整合状态。在某个日期之前，很有可能无数的人类还没有发现作为一个独立个体的感受，或者在度过了婴儿期和童年期之后很快就丧失掉了这种感受。这个观点在弗洛伊德的著作《摩西和一神论》（*Moses and Monotheism*, 1939）中小有发展，在其中的一个我认为十分重要的脚注中弗洛伊德写道："布雷斯特德（Breasted）称他为'人类历史上的第一人'。"我们不能轻易地把自己和那些早期的男人及女人相提并论，他们会把自己、社团、自然以及那些无法解释的自然现象，比如日出日落、打雷和地震，联系在一起。在男人和女人能够在时间和空间的维度中成为个体，能够创造性地生活以及作为个体生存之前，我们需要建立科学的体系。一神论观点的出现则宣告了人类建立心理结构时期的到来。

对创造性这个观点做出更进一步贡献的人是梅兰妮·克莱恩（Melanie Klein，1957）。这个贡献源自于克莱恩对个体婴儿最早期生活的攻击冲动和毁灭性幻想的认识。克莱恩提出了婴儿毁灭性的观点并且强调了这个观点，同时设立了一个崭新的、极其重要的议题，即性欲冲动和毁灭冲动的融合是健康的标志。克莱恩的观点中包括修复和归还的概念。但是在我看来，克莱恩的工作中没有涉及创造性这个主题本身，因此这会很容易影响到对主要论点的理解。然而，我们需要她对内疚感的中心位置的研究。而她的观点背后的基础是弗洛伊德关于矛盾性是个体成熟的标志的观点。

健康可以被看成是性欲冲动和毁灭冲动的融合，这使我们对攻击和毁灭性幻想起源的研究变得更加紧迫。很多年以来，在精神分析的超心理学中，攻击被解释成是在愤怒的基础上产生的。

我认为弗洛伊德和克莱恩都回避了这个问题，并且把它归因为遗传。死本能的概念可以被描述为对原始罪恶准则的重申。我试图去发展弗洛伊德和克莱恩都回避了的这个问题，因为它充分涉及了依赖以及由此涉及了环境因素（Winnicott，1960b）。如果依赖真的意味着依赖，那么处于个体化进程中的婴儿就不能被写成是一个独立的婴儿。他们必须被写成是和婴儿当时所处的环境供给相关的，无论这个环境是可依赖的还是不适合的（Winnicott，1945，1948，1952）。

我希望精神分析师将来能够运用过渡性现象的理论，描述在早期阶段提供一个足够好的环境，使婴儿能够面对丧失了全能感的巨大恐惧的时刻⑥。我所谓的"主观性客体"（Winnicott，1962）逐渐地和客体建立联系并且被客观地感知到，但是这种情况只有在给婴儿提供了一个足够好的环境或者"被期望的平均水平的环境"（Hartmann，1939），并能够对婴儿发疯特别包容时，才能够实现。这种发疯只有在以后的生活中出现时才是真正的发疯。在婴儿阶段，这和我以前提到的婴儿对"矛盾"的接受，都是相似的主题，这就如同婴儿创造出了一个客体，但如果没有一个现实的客体已经在那里等着婴儿去创造，婴儿是不能够去创造出一个客体的。

我们发现个体要么活得有创造力，并且感到活下去是值得的，要么就无法有创造力地生活，并且会质疑生活的意义。这种不同是和婴儿早期生活经历中成长环境的供给质量和数量直接相关的。

虽然精神分析师努力对每个人的心理、成长和防御组织的动态过程进行描述，并以个人的观点来理解驱动力和冲动［在这里，创造力已经形成或者没有形成（或选择性地已经失去）］，但理论家必须考虑环境的作用，任何将个体独立于环境的论述都不能探及创造性的核心问题。

在这里，很重要的是提出一个特别复杂的问题，即尽管实际上男人和女人在很多方面都很相似，但是他们也十分不同。创造性显然是他们的共性之一，即男性和女性共同拥有的事物之一，当失去或没有创造性的时候，男人和女人都会感到悲伤。

---

⑥过渡性现象中的慰藉比交互认同（cross-identification）现象中的慰藉出现得更早。

我现在要从另外一个角度来检验这个问题。

在男人和女人中发现的男性和女性分裂因素⑦

无论是在精神分析领域内还是领域外，认为男性和女性有"双性倾向"已不再新奇。

这里，我将用我从精神分析中所学到的关于双性的知识，从每一个细节出发，一步一步地去阐明观点。这里我们不用复述精神分析要经过哪些步骤才能获取这些材料。可以说在这类材料变得重要并且被优先考虑之前，还有大量的工作要做。这些初级的工作是很难全部被省略的。治疗师必须尊重这些工作，因为分析过程变得缓慢是一种患者的防御表现，就像我们尊重所有的防御一样。当有患者不停地教育治疗师时，治疗师应该从理论上知道患者最深处或最核心的人格特征，否则当患者最终能够把他内心深处掩埋的材料带入移情中来的时候，治疗师可能无法认识到或者去满足对患者给予新的理解和技术上的需要，从而失去了对变化做解释的机会。通过解释，治疗师也向患者传达了他所能接收到的患者信息的数量。

作为这个观点的基础部分，我希望在本章中首先认同"创造性是男人和女人的共同点"。换言之，创造性既是女性的特权，也可以说是一种男性的特征。我们接下来将探讨三种说法中的最后一种。

---

⑦ 1966年2月2日向英国精神分析协会提交的论文，修改后发表于《论坛》（*Forum*）上。

临床数据

案例说明

我将从一个临床案例开始说明。这是一个中年男性的治疗,他已经成家立业。分析过程是按部就班地进行的。这个人经历了很长时间的分析,我并不是他的第一个治疗师。他的每一个分析师和治疗师,以及他自己,都做了很大的努力,他的个性也因此而有了很大的改变。但是他认为还有某些东西使他不可能结束分析。他知道来我这里是为了一个他仍没达到的目标。如果不这样做,他将会损失很多。

在当前的分析过程中我也有了新的收获。这肯定与我处理他个性中非男性成分的方式有关。

在一个星期五,患者来到治疗室,并且像平时那样说了很多。患者谈到了他的"阴茎嫉妒"问题,这使我十分惊讶。我仔细考虑了这个用词,而根据所提供的材料和陈述来看,我必须接受这个术语在这里是合适的。很显然,术语"阴茎嫉妒"一般不会被一个男人用来形容自己。

这个特殊阶段的变化可以从我处理这个问题的方式体现出来。在这个特殊的时刻,我对他说:"我正在听一个女孩讲话。我很清楚地知道你是一个男人,但是我正在听一个女孩说话,并且和一个女孩讲话。我正在告诉这个女孩:'你谈的问题是阴茎嫉妒。'"

我必须强调的是,这和同性恋无关。

（曾经有人向我指出，我的两方面的解释都是和游戏相关的，而且我尽可能地不去做权威式的解释，权威式的解释很像教化。）

我很明白，这个解释产生了很大的影响。我给出了一个适当的评论，事实上，就从这个周五开始，治疗的恶性循环被打破了，如果不是因为这个，我不会在这里提到这个偶然事件。我渐渐习惯于良好的工作、良好的解释、良好的直接结果，以及当这个患者逐渐认识到有些基本的部分难以改变后的毁灭和幻灭感；就是这个不为人知的因素使这个男人接受了四分之一个世纪的分析。他与我一起工作是否也会遭受他与其他治疗师一起工作时同样的命运呢？

这一次，从理智上接受即刻发挥了作用，接着是释然，并带来一些更深远的影响。在犹豫片刻之后，患者说道："如果我和别人谈论这个女孩的事情，会被人看成是疯子的。"

这个案例可能只能进行到这里，但是从随后发生的事情来看，我很高兴我继续了下去。我的下一个评论让我自己都很吃惊，它解决了问题。我说道："并不是你把这个事情告诉别人，而是我看到了这个女孩并且听到了这个女孩讲话。但事实上坐在我对面沙发上的是个真实的男人。疯了的人是我。"

我不需要强调这一点，因为它触及了痛处。患者说现在他在发疯的环境中感到十分理智。换句话说，他已经从两难的境遇中放松下来。正如他接下来说的："我自己决不会说'我是个女孩'（在我知道自己是个男人的情况下）。我不会像那样发疯。但是你把它说了出来,你是在对我的两个部分说话。"

我的疯狂举动促使他从我的角度看到了自己的女性部分。他知道自己是个男人,而且从未怀疑过自己是个男人。

此刻发生了什么是不是很明显呢?对于我而言,我需要去经历一次非常深刻的亲身体验,以达到我认为我已经达到的理解水平。

这个复杂的状态来源于患者特殊的现实状况。我和这个患者共同得出了一个结论(没有办法证明),在他的母亲(已经去世)意识到他是个男孩子之前,一直把他作为一个女婴来对待。换句话说,这个患者必须要迎合他母亲的想法,即她的婴儿将会是而且就是一个女婴。(他是第二个孩子,第一个孩子是个男孩。)在分析中,我们有很好的证据来证明他母亲在对他早期的各种生理照顾中没有把他当作一个男性来照料。以这个模式为基础,他随后形成了多种防御方式。但把一个男孩看成女孩是由于他母亲的"疯狂",在此时由我说出"疯了的人是我"将当时的情形带到当下。在这个周五,他离开时怀着深深的感动,这是他在漫长的分析中第一次有如此重大的转变(尽管正如我所提到的,我们一直都能不断感受到良好的工作所带来的进展)[8]。

我想就这次周五事件给出更多的细节。在后面的一次周一治疗中,他告诉我他生病了。我记得很清楚,他感染了病

---

[8] 对细节的讨论请参阅第 9 章 "儿童发展中母亲和家庭的镜像角色"(mirror-role)。

毒，而且我提醒他，他的妻子在第二天也会被感染，事实上的确如此。尽管这样，他仍要我对这个开始于周六的疾病给出解释，就好像这是一个身心疾病一样。他告诉我，在周五的晚上，他和他的妻子有一次愉悦的性生活，所以他觉得他在周六应该感觉良好，但恰恰相反的是周六他病了，而且感觉很糟糕。我把他的身体疾病放在一边，和他谈了谈在性交后他本该感到愉快并且有被治愈的新经验，但是却感觉很糟糕的这个不协调的过程。（他或许真的说过："我得了感冒，但我仍然觉得自己好些了。"）

我沿着周五治疗的方向对此进行了解释，我说道："你感到在我做出的解释释放了你的男性行为后，你应该是愉悦的。但是，曾经和我谈话的这个女孩不想让这个男人释放，事实上，她对他并不感兴趣。她希望你承认她，并且承认她对你身体所拥有的权利。她的阴茎嫉妒中特别包含了对你作为男性的嫉妒。"我接着说道："生病的感觉是来自女性自体的抗议，因为她一直都希望治疗师能够发现你，这个男人，实际上是并且一直是个女孩（'生病'是一种性器官成熟前的怀孕）。这个女孩所期待的唯一的分析结果就是，发现你实际上是个女孩。"从这里我们就可以明白为什么他总是认为治疗没有结束了[9]。

在接下来的几个星期里，又有大量的材料证明了我的解释和态度，患者也感到他的这种无限期的治疗可以被终

---

[9] 在这里需要弄明白一点，我并不是在暗示这个男性真实的躯体疾病"流感"是由他与躯体共存的情绪问题而引起的。

结了。

接下来我发现，患者阻抗的形式变成了对我所说过的话"疯了的人是我"的重要性进行否认。就如同我会忘掉一次精彩的讲演一样，他试图用这样的方式来忽略它。但是，我发现在这些例子中，有一种带有欺骗性的移情使患者和治疗师同样被迷惑了，问题的症结就在我所做的这个我几乎都不允许自己去做的解释之中。

当我花时间来想想到底发生了什么的时候，我自己也变得困惑了。没有新的理论概念，也没有新的操作原则。实际上，我和患者以前也曾经被置于这种境地之中。但是现在这里有些新的东西，我有了新的态度，他也有了新的对我的解释性工作进行使用的能力。我决定向任何对我有意义的事情妥协，妥协的结果将在后面的论文中谈到。

解离

首先我注意到，我从来没有完全接受过那些有着相反心理性征的男性（或者女性）与他们人格特征之间的解离。在这个男性患者的案例中，解离几乎是完全的。

在这里，我发现自己从新的途径使用了一个古老的武器，我想知道这个古老的武器是怎样在我的工作中对患者产生影响的，这些患者包括男性和女性、男孩和女孩。因此，我决定暂时把其他形式的分裂放在一边，但不会忘记，从而专心研究这种形式的解离。

男人和女人中的男性和女性元素⑩

这个案例中的突破口是解离。"解离"这样的防御方式使个体能够接受完整的人或完整自体的双性特征。我认为，我正在处理的是一种纯粹的女性因素。起初这让我感到惊讶，因为我是从一个男性患者身上看到这些的⑪。

我们来看看对这个临床案例更进一步的观察。我们通过共同的努力达成一个新的共识后，感觉很欣慰。这来自于一个事实，即现在我可以说明为什么我基于可靠依据的解释从未有变化，这些解释包括对客体的使用、移情中的口欲满足，以及在分析中患者将分析师当作部分客体或一个有乳房或阴茎的人的口腔施虐。它们被接受了，那又会如何？现在达到了新的状态，患者很明显地感到与我的联系，而且这种联系鲜活、生动。这肯定与身份认同有关。有一种纯粹的女性分离元素在治疗师身上，也就是我身上，找到了一个最初的连接，而这重新带给这个男

---

⑩ 因为我找不到更加合适的形容方式，在这里我用了术语（男性和女性因素）来形容这种状况。或许"积极的"或者"被动的"都不是准确的术语，但是为了接下来的讨论能够继续，我必须使用这些术语。

⑪ 在这里，从逻辑上来看我同样也会在女孩或者女性患者中发现和这个男性患者类似的情况。例如，一个女性患者会提醒我想起她在成长的早期阶段曾经希望自己是个男孩子。她花了大量的时间和精力，希望使自己有一个阴茎。但实际上，她需要有一种特殊的理解，她显然是个女孩，也很高兴自己是个女孩，可是同时（有10%的分离部分）知道也一直认为自己是个男孩。这些同时会伴随着对被阉割的确定，所以会有潜在的具有攻击性的剥夺感、对母亲的谋杀欲望，以及整体上受虐的防御体系（这是其人格结构的核心部分）。

给出临床个案可能会分散读者对我所讲的主要理论的注意力；并且，如果我的理论是真实且普遍存在的，则每一位读者都可以找到一些个案，在这些个案中，可以看到关于男人和女人中的男性和女性元素的解离而非抑制。

人鲜活的感受。我被这个细节所影响,并且这一点也可以从我在这个个案中所发现的理论的运用中看出来。

临床治疗过程的补充

重新回顾以上临床案例中发生的解离,即这个男性患者身上分裂的女性元素,是大有裨益的。这个主题可以迅速扩展并且变得复杂,有几个可以观察到的内容需要被特别提到。

(a)分析者在处理和尝试分析分裂的部分时,常常会惊奇地发现,主要功能者仅仅表现出投射的防御形式。这就像治疗一个小孩的时候却发现你只是在通过他治疗他父母中的一个。这个主题中各种可能的变化都可能出现。

(b)异性元素可能完全分裂,比如会造成一个男人对他分裂的部分毫无所知,尤其是当这个人除了这个分裂以外,是个神志健全、个性完整的人的时候。因为当一个人的人格已经成熟到整合成一种复杂的结构时,就很少会强调"我是神志健全的",也不会用这样的方式去抵抗"我是一个女孩"(在男性案例中)或者"我是一个男孩"(在女性案例中)了。

(c)这里,可以看到一种几乎完全与异性解离的现象,这与早期的外部环境因素有关,与后期作为防御机制的解离相混合,并且或多或少地以交互认同为基础。这种后期有组织的防御会对患者回忆早期的分裂反应产生消极影响。

  （这里有一个公理，即对于那些给予患者全能控制感个人和内在的因素，无论是歪曲的还是失败的，患者都会不遗余力地去探索，而不是将之视为对自然环境因素的随意反应。这是因为，无论来自环境的影响是好还是坏，都会超出患者的全能感的范围，对于我们的工作而言，都可以看成是一种不可容忍的创伤。正如抑郁症患者会声称对所有的邪恶负责一样。）

(d) 这种分裂的异性人格往往保持在一定的年龄阶段，或者用一种缓慢的速度成长。与此相对的是，个人内部精神世界中真实的想象人物会成熟、相互联系、衰老以及死亡。例如，一个依靠年轻女孩来保持他自己女性性别分裂状态的男性，会逐渐发展出一种特殊的女孩般结婚的愿望。当他 90 岁的时候，这个女孩很可能还没发展到 30 岁的年龄状态。但是在这个男性患者中的"女孩"（隐藏了早期形成的纯粹的女性因素）仍然拥有女性的个性特点，会因为拥有乳房而自豪，经历阴茎妒忌、怀孕、没有男性的外生殖器，甚至拥有女性的性能力以及享受女性的性经历。

(e) 在这里，一个重要的部分就是关于精神健康的评估。这个将女性部分加入性经历中的男性，可能对这个女孩的认同超过了对他自己的认同。这给予了他全力以赴地去唤醒女孩性欲并且去满足她的性欲的能力。他为此付出的代价就是得到很少的男性满足，而是他一直在寻找新的女孩，并为此付出代价，因为这与客体的恒定性是相反的。

另外一种极端的状况就是阳痿。在这两种极端之间是混合了不同形式和程度的相对性交能力。什么是正常的，这通常取决于特定时期社会对某一社会群体的期待。那么是不是可以说，在一个极端男权制的社会中，性的过程就是强奸，而在一个极端女权制的社会中，具有分裂的女性成分的男性必须满足许多女性的需求，即使这样做需要毁灭自己呢？

在这两个极端之间是双性状态以及对不太理想的性经历的期待。这个结论与以下理念是一致的，即社会健康是一种轻微的抑郁状态（假日除外）。

有趣的是这种分裂的女性成分的存在实际上阻碍了同性恋的发生。我的患者通常会在最关键的时刻避开发展成同性恋，因为（正如他来见我并告诉我的）如果他将同性恋的行为付诸行动的话，这将会建立起他的男性感受，而这是他永远也不想明确的感受（由于其分裂的女性自体）。

［通常，当双性状态是事实时，同性恋的想法不会给患者带来很大的冲突，这是因为肛门性行为（是次要的）还没有超越对口交的兴趣程度，而在口交的幻想组合中，个人的生理性别是不重要的。］

（f）在希腊神话的演变中，第一个同性恋是一名为了接近至高无上的女神并与她建立关系而去效仿女性的男性。这发生在女权制时代，而不是发生在以宙斯为首的男权制神话体系中。宙斯（男权体系的代表）开启了男性与男性之间性爱的先河，使女性处于了次要地位。如果历史的发展是和神话相符合的话，这可以帮助我把临床上对男性患者中分离的女性元素的观察与客体关系理论联系起来。（同样，女性患者中的男性元素在我的工作中也十分重要，在这里，客体关系可以被看成是两种解离的例子中的一个。）

初步观察的总结

在我的理论中，有必要允许在男孩或者男性，以及女孩或者女性中同时存在男性和女性元素。这些元素可能在很大程度上互相分裂。这要求我们既要在临床上研究这种分裂，也要去检查并提炼男性和女性元素本身。

我首先对这两种情况的前一种的临床影响进行了观察；现在我希望能够检测到我称之为"纯粹的男性和女性元素"的成分（不是男人或者女人）。

纯粹的男性元素和纯粹的女性元素

关于客体关系种类对比的推论

让我们来比较一下客体关系中纯粹的男性元素和女性元素。

我想说，我称之为"男性元素"的这一元素，从主动或被动关系的角度来说是相互关联的，也都由本能所驱使。在本能驱力这一理论的发展中，我们谈论婴儿与乳房和喂养的关系，接下来又谈论所有涉及主要性欲区域的体验，还有附属驱力及满足。我的想法是，对比之下，纯粹的女性元素和乳房（或者是母亲）有关，即婴儿变成乳房（或者是母亲），或者说客体就是主体。这里我并没有看到本能驱力。

　　（还需要记住，本能这个词来源于动物行为学；但是，我十分怀疑铭记是否是影响新生儿的一个因素。我现在认为，铭记和人类婴儿早期的客体关系研究无关，也和在早期的两年中的分离创伤无关，即使有人认为这个时期是一个十分关键的阶段。）

　　术语"主观性客体"被用来形容第一个客体，这个客体还没有作为一个非我现象被否认。纯粹的女性元素与乳房的联系就是主观性客体概念的一种应用，这种经历为感受到客观性的主体铺平了道路。"客观性主体"指的是自体以及来自身份感的真实感受。

　　在婴儿成长时，无论自体感和认同的建立过程多么复杂，只有在存在感的基础上与外界发生联系，才会出现自体感。这种存在感是在个体有合而为一的意识之前出现的，因为在此之前，个体除了认同之外没有别的感受。两个分开的人可以被感觉为彼此一体，这里我提到的婴儿和客体就是一体的。术语"原始认同"大概正是描述这个情景，我试图揭示第一次的初始经历对接下来的认同过程是多么重要。

投射和内射认同都是在此基础上建立起来的，都来自于两者不分彼此的这个地方。

在人类婴儿的发展过程中，当自我开始形成时，我称之为关于纯粹的女性元素的客体认同关系，建立了或许是所有经历中最简单的一种经历，也就是对存在的体验。这里你会发现一种真正的代际连续性，即男人和女人、男婴和女婴中的女性元素会一代代地传接下去。我想这个观点在以前也被提到过，但他们谈论的只是女人和女孩，所以观点就被混淆了，因为这是在谈男性和女性中都存在的女性元素。

相比之下，男性元素的客体认同关系以分离为前提。一旦自我功能开始运用，婴儿就可以允许客体以非我或分离的方式存在，并体验本我满足，包括对挫折的愤怒。驱力的满足加强了婴儿与客体的分离，同时也导致了客体的客观化。从这以后，对于男性元素，认同需要建立在复杂的心理机制之上，这种心理机制需要一段时间的成形、发展，最终成为婴儿新装备的一部分。但是，对于女性元素，这种认同仅仅需要很少的心理结构，以至于原始认同可以从很早的时候就开始，其雏形的基础可以说是从出生时（我认为）就开始了，或者之前，或者出生后不久，或者是从大脑刚刚开始脱离由于功能不成熟或出生过程所引起的脑损伤而导致的大脑功能障碍开始。

精神分析家们或许曾特别关注男性元素或者客体认同关系的驱力问题，但却忽视了我在这里提到的主体与客体间的身份认同，这是存在的根基。男性元素动态存在（does），而女性元素（在女性和男性中）静态存在（is）。所以希腊神话中的众多男性都想与至高无上的女神在一起。这也正好可以说明,男性对一些女性有着根深蒂固的嫉妒,那些女性的女性元素在男性看来是理所当然的,而有时男性又不这么认为。

看上去,挫折和寻求满足有关。而属于另外一些东西的体验则不是挫折,而是残缺。我希望能够探讨这个特殊的细节。

认同:孩子和乳房

在这里,如果没有足够好的母亲和不够好的母亲这两个概念,我不可能说清楚女性元素和乳房的关系。

(这个观察比在过渡性现象和过渡性客体区域里的观察更加真实一些。过渡性客体体现了母亲的一种能力,那就是提供给婴儿一种环境,让婴儿不需要从一开始就发现客体不是由自己创造的。接下来我们会看到这种适应的巨大意义,母亲给了婴儿一个机会,让婴儿感到这个乳房就是自己,或者母亲也可能没能这样做。乳房在这里是一种象征,不是一种动态象征,而是一种静态象征。)

作为一个足够好的女性元素的供给者,需要巧妙地处理各种细节问题。我们可以引用玛格丽特·米德(Margaret Mead)以及埃里克·艾里克森(Erik Erikson)的著作,他们描述了不同文化环境中,早期的母性照料决定了个体防御模式的建立,并且为之后的升华画好了蓝图。研究这个母亲和这个孩子,我们需要做的工作非常精细。

环境因素的性质

现在我要回过头来思考最早期的阶段，这个时候母亲会十分细致地照料她的婴儿，从而为防御模式的建立做好铺垫。我必须详细描述这个环境因素中很特别的例子。如果母亲提供一个静态的乳房，那么婴儿在初始的头脑中就不需要区分自己与母亲，婴儿能够感受到自己的存在；如果母亲没有能力做到这一点，婴儿就无法在感受到自己存在的情况下成长，或者只能在残缺的存在感受中成长。

[在临床上，我们必须去处理不得不认同一个动态乳房的婴儿，即认同一个男性元素的乳房，但这就无法满足原始的需要，即对一个静态乳房的需要，而不是需要一个动态的乳房。因此，这个小婴儿不仅不能有合适的存在方式，反而要去展现或者说被展现（喜欢一个动态的乳房），这些在我们看来都是一样的。]

如果一个母亲能够做到我所指出的这些精细的事情，那么她就不会养育出这样一个婴儿，即其自身"纯粹的女性元素"会嫉妒乳房，因为对于这个婴儿而言，乳房就是他（她）的自体，他（她）的自体也就是乳房。"嫉妒"是一个术语，用来描述乳房无法被用来体验个体存在时的失败感。

男性元素和女性元素的对比

这些思考使我对于男婴或女婴中纯粹的男性或者女性元素得出了奇怪的观点。我目前得到的结论是，纯粹的女性元素的客体关系和驱力（或者本能）无关。本能驱力下出现的客体关系属于没有受到女性元素污染的人格中的男性元素。这种观点将我置于了困境，看上去（不是从女孩中分离出男孩，而是）将纯粹的男性元素和纯粹的女性元素分离开来，在个体初期的情感发展阶段是必要的。关于纯粹的男性元素的经典论述是寻找、使用、口腔欲望、口腔施虐、肛欲期等。基于内射和合并的对认同的研究是已经混合了男性和女性元素的经验研究。对纯粹的女性元素的研究给我们开辟了新的方向。

这种对纯粹的女性元素的研究引导我们去关注存在，这是自体发现和产生存在感的唯一基础（然后是发展内部世界的能力，使个体有内涵，并有能力运用投射和内射防御机制，并且可以用投射和内射的机制与外部世界建立联系）。

我希望重申的是：当男婴或者女婴或者患者中的女性元素发现了乳房的时候，也就是自体被发现的时候。如果有这样一个问题，女婴是怎样对待乳房的？答案一定是，女性元素就是乳房，并且它具有乳房和母亲的特点，是被渴望的。在这个时期中，被渴望意味着可以吃，同时意味着婴儿因为被渴望而处于危险之中，或者更复杂一点说，是令人兴奋的。令人兴奋表明：可以使某人的男性元素做些事情。沿着这个方向思考，男人的阴茎可能是一个令人兴奋的女性元素，会促使女孩的男性元素活动起来。但是（这必须被弄清楚）没有女孩或者女人像这样；在健康的情况下，女孩中有许多种多变的女性元素，在男孩中也是如此。而且遗传因素中的元素也会被加入进来，所以我们可能很容易发现带有强烈女性元素的男孩，而站在他身边的女孩可能反而拥有较少的纯粹的女性元素潜质。再加上母亲传递好乳房的不同能力，或传递好乳房所象征的母性功能的不同能力，我们可以看到一些女孩和男孩注定会成长为具有不平衡的双性状态，偏向于与他们的生物属性相反的一面。

我还记得那个问题：莎士比亚在对哈姆雷特的个性和特点进行描绘时，他给出了一种怎样的沟通本质？

哈姆雷特的主要问题在于他发现自己处于了一种两难的境地，由于使用解离的防御机制，他无法解决所遇到的问题。一个扮演哈姆雷特的演员心里如果有这样的想法就很好了。这个演员会用一种特殊的方式来诠释第一段著名的独白："生存，还是毁灭"。就像试图抵达某些深奥难懂的事物的底部那样，他会说"生存，还是……"然后他会停顿，因为实际上哈姆雷特这个角色并不知道另外一个选择。最后他会用一个相对平淡的句子继续说"……还是毁灭"，然后他会离开这个没有方向的道路。"是默默忍受残酷命运的毒箭，还是挺身反抗人世无涯的苦难，把它一扫干净，这两种行为哪一个更高贵？"在这里哈姆雷特经历了一次受虐与施虐的转换，他已经抛开了他当初开始的主题。戏剧的后面部分是对这个问题的漫长叙述。我的意思是：哈姆雷特被描述为处于寻找"生存"的另一个选择的状态中。他在寻找一种方式来表述这种发生在他个性中的男性元素和女性元素的分离，这些元素直到他父亲去世之前都是和谐的，这也正是他丰富内涵的表现。但是，我不可避免地就像是在描写一个人，而不是一个舞台角色。

正如我所见，这个独白之所以困难，是因为哈姆雷特对于他的两难境地毫无头绪——因为他正处在一个转变的时期。莎士比亚有头绪，但是哈姆雷特无法进入到莎士比亚的戏剧中。

如果我们用这样的眼光来看这个戏剧，似乎哈姆雷特转变为用残忍的态度来对待奥菲利亚正是他无情地拒绝自己的女性元素的象征，他将它分裂并且递交给她，而他不受欢迎的男性元素则威胁着要占据他的整个人格。对奥菲利亚的残忍可能是他不情愿放弃他分裂的女性元素的表现。

这个戏剧本该用这样的方式来让哈姆雷特（如果他能读它，或者看到它被演出）看到自己的困境。但戏剧中的戏剧无法做到这点，我认为他逐渐将自己的男性元素带入生活，并且最后被与之交织在一起的悲剧激发，达到了顶点。

我们可以发现，隐藏在莎士比亚十四行诗背后的是他自己同样也有两难的问题。但是这会忽视或甚至是侮辱了十四行诗的主旨，即诗歌的主旨。实际上，正如 L. C. Knights 教授（1946）特别提到的，在我们写一个戏剧主人公的时候，很容易忘掉里面的诗歌部分，而把他们当作历史性的人物。

总结

1. 我对于某些男性和女性身上的男性元素和女性元素解离现象的重要性以及建立在此基础上的人格部分有了新的认识，我还检视了它们对我工作的启示。
2. 我已经观察过被人为分割的男性元素和女性元素。我发现，目前来说，我暂时把与客体有关的冲动（以及它的被动语态）与男性元素联系在一起。反之，在客体关系语境中，女性元素的特征与认同有关，它是孩子产生存在感的基础，也是孩子产生自体感的基础。但我发现环境的质量能否符合女性元素的最初功能完全取决于母亲供给的能力，通过这一点我们或许找到了存在体验的基础。我曾经写道："因此没有必要使用'本我'这个术语，所有现象都可以被自我功能来涵盖、归纳、体验和最终解释。"

现在我想说："在存在之后，是主动做和被动做。但首先是：存在。"

关于偷窃的主体的附加说明

偷窃属于男孩和女孩中的男性元素。问题是：男孩和女孩中与偷窃相应的女性元素又是什么？答案就是，这个元素即为个体篡夺了母亲的位置以及她的座位或衣饰，用这样的方式，个体从母亲那里"偷"来令人向往的事物与充满诱惑的魅力。

6

客体的使用以及通过认同产生的关系[1]

在这一章里我打算讨论"客体的使用"这个概念。与客体相关的主体联盟看起来吸引了我们的全部注意。但是,关于"客体的使用"这一概念还没有被仔细地考察过,甚至还从来没有被具体研究过。

对客体使用的研究来源于我的临床经验,与我提出的独特的发展话题是有直接关联的。当然,我并不确定我关于发展的观点已经被他人所追随,但我要指出的是这里已经有了一个顺序,这个顺序当中可能包含的规则与我工作的进展息息相关。

在这一章里,我要描述的问题相当简单。尽管它来自于我的精神分析治疗,但我要强调的是它并不来自于我二十年前的精神分析经历,因为那时我还不能运用技术使治疗中的移情变得像我描述的那样。例如,在近几年中我才能够做到在治疗过程中等待,等待患者对精神分析技术和设置产生信任感后自然演

---

[1] 基于1968年12月12日于纽约精神病协会上报告的论文,发表于1969年的《国际精神分析杂志》(*International Journal of Psycho-Analysis*) 第50卷。

化出移情，而不是用解释去打断这个过程。你们会看到我谈到的是"解释"这个动作，而不是解释的内容本身。想到我曾经因为自己需要去解释而阻止或延迟了某些类型患者的深刻改变，我就会不寒而栗。如果我们能够等待，患者将带着巨大的喜悦去体验他创造性的领悟，而现在，我体会到的这种快乐超过了我去显示自己聪明的快乐。我想我的解释只会让患者感到我对他理解的局限。原则应是，知道答案的是患者，也只有患者才知道答案。我们可能可以但也许不能够让患者了解或相信我们所知道的事情。

与此相对的是，分析师又必须去做解释，这正是分析与自我分析的区别。对于分析师给出的解释，如果想要产生效果，则取决于患者有没有能力把分析师放在主体现象之外的领域。此外，关于患者运用分析师的能力，也是我在这一章要谈的主要内容。在教书时，我们认为患者具有使用客体的能力是理所当然的，就好像在喂小孩吃东西一样，但是在我们的工作中有必要关注患者使用客体的能力的发展和建立，还要去辨认患者在使用客体上无能的事实。

在对一个边缘类型的案例进行分析时，我们有机会观察到一些细微的现象，从而理解真实的精神分裂状态。这里"边缘类型的案例"指的是：患者困扰的核心是精神病性的，但是当患者在精神病性焦虑的威胁下以粗鲁的原始状态发作时，患者有足够的神经症性人格结构来呈现出神经症性的和躯体性的异常。在这类案例中，治疗师可能要与患者想要成为神经症（而不是疯子）这一需要磨合多年，并且把他当作神经症患者来对待。

如果治疗顺利,大家都会高兴,唯一的问题是分析从不结束。分析也可以结束,为了达到目的,患者甚至会调动神经症性的假自我来结束和表达感激。但是实际上,患者知道潜在的(精神病)状态并没有改变,治疗师和患者只是成功地联手得到了一个失败的结果。如果分析师和患者都认识到了这个失败,那么甚至失败也可以是有价值的。随着患者年龄的增长,他们死于疾病和事故的概率也会增长,因此实际上的自杀就可能避免。另外,当治疗持续下去时,会变得很有趣。如果精神分析可以是一种生活方式,那么持续治疗可以说已经达到了预想的目的。但是精神分析并不是一种生活方式。我们都希望自己的患者能够结束治疗,忘掉我们,并且希望他们自己去发现生活本身就是一种很有意义的治疗。尽管我们写了关于边缘类型案例的论文,但还是会为这类患者的精神病残余状态没有被发现而感到内心困扰。我已经在一篇关于分类的论文中尝试用一种用更广泛的方式把它描述清楚(Winnicott,1959—1964)。

或许有必要让我再多讲几句关于客体关系和客体使用的不同点。在客体关系中,主体允许在自体内发生某种转换,这也是我们发明"投注"这个词的意义所在。客体变得有意义。投射机制和认同开始起作用,虽然主体在感觉方面得到丰富,但主体不断损耗,以至于在客体中可以找到主体的某些部分。伴随着这些改变的是身体上某种程度的兴奋(不论多么轻微),发展方向就是性高潮的顶点。(这里我有意不提及关系,因为那是交互认同中的一个练习内容,参见第175页。在这里必须省略它是因为它属于我在这一章里所讲的发展阶段之后,而不是先于发展阶段，也就是说，它偏离了我要谈的自体容纳和主体性客体而进入了客体使用的领域中。）

客体关联可以被描述成一种主体的孤立体验（Winnicott，1958b，1963a）。但是，当我谈到客体的使用时，我想当然地是指客体关系，我加入了关于客体的性质和行为的新特性。例如，客体如果被使用，它必须有真实感，是外在现实的一部分，而不仅仅是一堆投射的影子。我认为，联系和使用之间的不同就在于此。

如果我是对的，那么在接下来的讨论中，对分析师而言，讨论和主体的关系比讨论使用要容易得多，因为关系可以作为主体的一个现象被观察到。精神分析总是喜欢排除所有来自环境的因素，除非我们可以从投射机制的角度来看待环境。但在检验使用时必须面面俱到：治疗师必须考虑到客体的性质，不仅仅考虑投射，而且要考虑作为客体的实体本身。

我就暂时写到这里，那就是关系可以被描述为和个体的主体有关，而使用只有在客体独立存在及其独特性始终存在被接受的情况下才能被描述。你可以看到，我们所关注的这个问题正是在临床上我研究过渡性现象时会考虑到的一些问题。

但是这个改变不会自动到来，而只能通过成熟的过程达到，这正是我所关注的细节。

在临床方面，有两个在哺乳的婴儿。一个是给自己喂奶的婴儿，因为对婴儿来说，乳房和婴儿还没有成为分离的现象。而另外一个婴儿的喂养则是来自"除我之外的其他人"，或者是一个对婴儿的照顾漫不经心的客体，只有被婴儿报复才会对婴儿产生影响。母亲,就像分析师一样,也许好,也许不够好;其中,某些母亲可以而某些母亲不能把婴儿从关系阶段带入到使用阶段。

我在这里要重申一下过渡性客体和过渡性现象的关键概念(根据我对主体的陈述)是自相矛盾,以及接受这种矛盾:婴儿创造了客体,但是客体当时正在那里等着被创造,并且成为一个投注的对象。我试图通过强调我们都知道的游戏规则,即我们绝对不会去引导婴儿回答"你创造了它还是发现了它"这样一个问题,来引起大家对过渡性现象中一个方向的关注。

现在,我准备直接切入主题。看起来我很担心这样做,就好像我害怕一旦我的观点被提出,我就再也没有什么好说的了,因为它是如此的简单。

想要使用客体,主体必须已经发展到有能力使用客体的阶段。这是向现实检验原则转化中的一部分。

这种能力并不是天生拥有的,也不能被视为理所当然。使用客体的能力的发展是在有利环境下个体成熟过程的又一个例子[②]。

根据先后顺序我们可以说,首先有客体关系,在最后出现了客体使用;而在两者之间,是人类发展中最困难的阶段,或者说是在所有需要修复的早期失败的工作当中最让人厌烦的一部分。

[②] 选择 The Maturational Processes and the Facilitating Environment 这一题目作为我在国际精神分析书库中书籍的名称(1965),我是想表达我在爱丁堡大会(1960)上深受 Phyllis Greenacre 医生的影响。遗憾的是,我没能在这本书中对其表示感谢。

那个在关系和运用之间的事情就是主体将客体放在主体的全能控制感之外；也就是主体感知到客体是一个外在现象，而不是一个投射的产物，事实上主体承认了客体作为一种非主体存在的权利③。

这种变化（由关系到使用）意味着主体摧毁了客体。在这里，一个坐扶手椅的哲人争辩说，实际上并没有客体的使用这种事：如果客体是外部的，那么客体就被主体摧毁了。但是，假如这个哲人走出他的靠椅，和他的患者一起坐在地板上，他将发现那里有一个中间位置。换句话说，他将发现在"主体与客体联系"后紧接着的是"主体摧毁了客体"（它变成了外部的），接下来的可能是"客体在主体的摧毁中幸免于难"。但是那里可能有、也可能没有（客体）存活下来。客体关系理论中的一个新特性出现了。主体对客体说："我摧毁了你。"客体在那里并且接受这种通告。从此，主体会说："嗨，客体！""我摧毁了你。""我爱你。""你对我有价值是因为你能从我对你的摧毁中存活下来。""当我爱你的时候，我一直在（无意识的）幻想中摧毁你。"人的幻想就是这样开始的。现在，主体可以使用存活下来的客体。需要强调的一点是，主体摧毁客体不仅是因为客体已经超出了主体的全能控制范围。从另一个角度来说明这个观点同样重要，即正是客体被摧毁使其被放在了主体的全能控制感之外。在这些方式下，客体发展了它的自主性和生活，并且（如果它存活下来）按自己的方式为主体做出贡献。

---

③ 在这一点上我的理解受到 W. Clifford 和 M. Scott 的影响（个人交流，c. 1940）。

换言之，因为客体的存活，主体现在开始生活在客体的世界中，因此主体的收获是无限的；但是主体同时不得不付出代价，即接受与客体关系相关的在无意识幻想中持续进行的客体毁灭。

让我重复一下，这是一个这样的位置：在情感发展早期，个体只有通过那个被投注了的客体才能达到。这个客体经历了因为现实而被摧毁、因为被摧毁而变得现实的过程而实际存活下来（成为可以被毁灭的和可以被消耗的）。

现在到达了一个新的阶段，投射机制帮助我们注意到那里有什么，但是它们并不是客体在那里的原因。在我看来这是与理论分离的部分，理论上只有在个体的投射机制中才有关于外部现实的概念。

我现在基本上讲完了。不过还不彻底，因为我不可能把接受下面的事实当做是理所当然，这一事实就是主体与客体第一次建立联系（客观地感知到，而不是主观地感知）的冲动是摧毁性的。（在早期，我曾经用了一个词——"漫不经心"，试图给读者一个机会去想象，而不是明确地指出。）

这个理论的中心假说是，鉴于主体没有摧毁主体性客体（投射产物），只要客体被客观性地感知、具有自主性并且属于"共享的"现实，那么主体对客体的摧毁就会到来，并且成为一种核心特点。这是我的论点中的难点，至少对我来说是这样。

我们都知道现实检验原则包括个体的愤怒和反应性摧毁，但我认为摧毁在帮助制造现实，那就是把客体放在自体之外。这种情况的发生必须要具备一些有利条件。

这就是一个在高功率下去检验现实原则的问题。在我看来，我们已经熟悉主体如何运用投射机制使自身承认客体的存在。这和强调"因为主体运用了投射机制，所以对主体来说，客体是存在的"的看法根本就是南辕北辙的。观察者表达两个观点的语言看上去是在说同一件事，但是我们仔细观察就会发现这两种观点截然不同。这就恰好是我们在这里所要研究的方向。

在我们所研究的发展阶段这一点上，主体在感受其自身外在性的时候创造了客体，必须要补充的是这种经验依赖于客体存活的能力。（这里的"存活"很重要，它意味着"非报复性的"。）如果这些情况发生在分析中，分析师、分析技巧、分析设置，所有这些都会在患者的毁灭性攻击下存活或者不存活。这些毁灭性的行为就是患者把分析师置于全能控制感之外的企图，也就是使其不在这个世界上。没有这些最大化的毁坏经历（不受保护的客体），主体绝不会把治疗师放在外界，也永远不会有比类似自我分析更多的体验，即只是把治疗师作为自体投射的部分来使用。用喂养来做比方，也就是说患者只能自己喂养自己，而不能够利用乳房使自己长胖。患者甚至会享受分析经历而不会有根本性的改变。

如果治疗师是一个主观的现象，那么废物销毁工作是怎么回事呢？从输出的角度，我们需要进一步说明[④]。

在精神分析的治疗中，这个领域发生的积极改变可以是很深刻的。这不依靠解释性的工作。它来自于分析师在攻击中的存活，涉及和包括消除报复之心。这些攻击对治疗师来说可能很

[④] 过渡性现象领域中的下一个任务就是去重述销毁的问题。

难忍受⑤，尤其是在他们表达出迷惑，或者操纵分析师，使他出现技术性错误时。（我指的是在最需要信赖感而分析师却无法被依靠的时刻，同样也指保持存活和即使无法打消报复也能存活的时刻。）

分析师喜欢解释，但这会有损进程，对患者而言可以看成是一种自我防御，即分析师避开了患者的攻击。最好是等到这个阶段结束，再和患者讨论发生了什么。这肯定是正当的，因为治疗师也有自己的需要。这个时候的口头解释可能并不是最关键的，并且带有危险性。关键是分析师能存活下来并能保持精神分析技巧的完整性。想象一下在分析过程中如果分析师真的死了，这是多么具有创伤性的一件事，尽管分析师的实际死亡并不见得比分析师对待患者的态度转变为报复更为糟糕。这些都是患者必须冒的风险。通常分析师在移情的作用下经历这些阶段，每度过一个阶段都会有一些爱的回报，这会在无意识摧毁的背景下得到增强。

在我看来，发展阶段本质上包括客体存活的这一观点的确会影响攻击的理论基础。认为一个刚出生几天的婴儿妒忌乳房是说不通的。然而，认为婴儿从某个年龄开始允许乳房有一个外部位置（不在投射的范围内）是合理的，这就意味着毁灭乳房开始成为一个特性。我指的是实际的摧毁冲动。这是作为一个母亲所要做的事情当中很重要的一部分，她将成为第一个带着婴儿克服诸多困难中的第一关并在攻击中幸存的人。这是孩子

---

⑤ 当发现患者带着左轮手枪时，那么对我来说，这个工作就做不了。

发展中的一个很好的时机，因为孩子还比较弱小，所以母亲很容易在孩子的攻击下存活。然而，对母亲而言，这仍然是件较难处理的事情；当婴儿咬伤母亲的时候，母亲很容易做出训斥的反应⑥。但是这里所使用的语言包括"乳房"都是行话。在发展和处理的整个区域里，适应都与依赖相联系。

我们会看到，尽管我用的词是毁灭，但是真正的毁灭来自于客体没有成功存活。没有这种存活失败，毁灭仍可能是潜在的。我们需要"毁灭"这个词，不是因为婴儿有摧毁的冲动，而是因为客体有不能存活的倾向，这也就意味着客体将出现性质和态度的改变。

我在这章里陈述的看待问题的方法，让我们有可能采用一种新的视角来看待攻击性的根源这个主题。例如，我们应该像对待所有其他与生俱来的东西一样对待天生的攻击性。毋庸置疑的是，与生俱来的攻击性必然是个变量，就像其他遗传的事物一样，不同的人之间会有差异。通过对比发现，这种差异来自新生儿的迥异经历，取决于他们是否经过了这个非常困难的时期。这种经验领域的差异确实很大。而且，很好地经历了这一阶段的婴儿比没有很好地经历这一阶段的婴儿具有更多的临床攻击性。对于后者而言，攻击性是不能被包容的，或者仅仅以被攻击对象的责任的形式保留下来。

这里包括对攻击性的基础理论的改写，因为绝大多数以前的分析师写的文章都没有涉及我在这里谈到的内容。传统理论中

---

⑥实际上，婴儿的成长是很复杂的事情，如果他或她碰巧生下来就长了一颗牙，那么我们就不能检验出婴儿的牙龈对乳房的攻击了。

关于攻击性的推测是，攻击是遭遇到现实原则时做出的反应；然而在这里，攻击是推动创造外部现实的摧毁性驱力。这是我观点建构的核心。

让我来看一看攻击和存活在关系层次中的确切位置。"灭绝"这个词更加原始并且意义截然不同。灭绝意味着"没有希望"；能量的投注消失了，因为没有任何结果来完成产生制约的反射。另一方面，愤怒的攻击与遇到现实原则有关，这是更复杂的概念，发生在我假设的摧毁性之后。我所指的对客体的摧毁不带有愤怒，虽然可以说发现客体存活是愉快的。从这个时刻起，或者从这个阶段起，客体经常在幻想中被摧毁。这种"一直被摧毁"的特点使存活的客体更多地被感受到，并使主体的感受被加强，从而更有助于容纳客体。客体现在可以被使用了。

我希望用"使用"和"用法"这两个词做结论。我说的"使用"不是"利用"。作为分析师，我们知道被使用的感觉，那意味着我们可以看到治疗结束，就算那是几年以后的事情。很多遇到这个问题的患者都已经完成了治疗，他们可以使用客体，能够使用我们，能够使用分析，就像他们可以使用他们的父母、兄弟姐妹和家一样。然而，许多患者都需要我们给予他们使用我们的能力，这对他们来说就是分析的任务。在满足这类患者的需要时，我们要明白我在这里所说的我们从他们的摧毁中存活下来的意思。在无意识背景下，对分析师的毁灭被建立起来，分析师在摧毁下存活，否则，就是又一个永远无法结束的治疗。

小结

客体关系可以被形容成与主体的体验有关。描述客体使用的时候要考虑到客体特质。我一直在试图阐明为何使用客体的能力和与客体建立关系的能力相比更为复杂；关系也许是一种主观性客体，但是使用则表明客体是外部现实的一部分。

我们可以观察到下面这个顺序：(1) 主体与客体相联系；(2) 客体处于一个被发现的过程中，而不是被主体放置在世界中；(3) 主体摧毁了客体；(4) 客体在摧毁中存活；(5) 主体能够使用客体。

客体一直被摧毁。这种摧毁成为无意识中去爱现实客体的背景，这个现实客体也就是一个不被主体的全能感控制的客体。

对这个问题的研究还包括对摧毁的正面价值的论述。摧毁加上客体在摧毁中存活，将客体放在了主体的投射机制所建立的区域之外。在这种方式下，主体创造了一个共享的现实世界，主体可以使用它，并且可以获得"其他非我"的反馈。

7

文化经历的位置①

在无尽世界的海滨,孩子们在游戏。

——泰戈尔

在本章中,我希望去探讨一个论点,关于这个论点,我曾经在英国精神分析协会举办的庆祝弗洛伊德著作标准版的出版宴会(伦敦,1966年10月8日)上简短地聊过。我向詹姆斯·斯特雷奇(James Strachey)致敬时说:

"弗洛伊德在他的地形学说中并没有给出文化经历的位置。他赋予了人类内在精神世界新的价值,同时让我们对外部的现实世界有了新的认识。弗洛伊德曾经用'升华'这个词来表明文化经历是有意义的,但是也许他没有进一步告诉大家心灵中文化经历的位置在哪里。"

现在我将用自己的语言继续丰富这个概念,并且尝试对它进

---

① 发表于1967年《国际精神分析杂志》(*International Journal of Psycho-Analysis*)第48卷第3部分。

行能经得起考验的正面陈述。

泰戈尔的诗句一直在影响着我。在年轻的时候，虽然我还不太明白诗句的含义，但诗句在我的心中已经留下了深刻的印象，而且这种印象一直没有消退。

当我成为一个弗洛伊德派学者的时候，我明白了它的含义。大海和海滨再现了男人和女人间无尽的性爱过程，孩子从这个联结里出现，经历一个短暂的过程后长大成人或成为父母。作为一个无意识象征学派的学生，我知道（每个人都知道）大海是母亲的象征，孩子在海滨诞生。就像约拿从鲸鱼的肚子里面出来一样，孩子从海里被涌出，来到了陆地上。现在海滨就是母亲的身体，在孩子出生后，孩子和母亲就相互认识了。

然后可以看到，在这里我借用了母子关系的一个复杂的观点，但是还有一个单纯的婴儿观点，这个观点是不同于母亲和观察者的角度的，而且从婴儿这个角度进行研究会很有益处。我的大脑在很长一段时间里处于一种一无所知的状态，这种状态使我开始建构"过渡性现象"。在中间时期，我玩弄着"心理再现"这个概念，并且把玩着置于个人内部精神世界的这些客体和现象，感觉到它们的内部存在。同时，我跟随着投射和内射这种心理机制学说的影响。我意识到，这种游戏既不属于内部的精神世界，也不属于外部的现实世界。

现在，我回到本章的主题上来。这个问题是：如果游戏既不是内部的，也不是外部的，那么它的位置在哪里？我快要接近我在论文《独处的能力》(*The Capacity to be Alone*，1958b) 中表达的观点了。我在论文中写道，起初，孩子是在他人在场的情况下独处的。在那篇论文中,我并没有对孩子与这个"他人"的关系的共同点进行阐述。

我的患者教会我如何去寻找这个问题的答案,即:游戏的位置在哪里?(尤其是当他们在移情或者移情性的梦境中出现退行和依赖的时候。)我希望我能够浓缩我在精神分析工作中看到的情形,并将其转化为理论性的陈述。

我曾经说过,当我们看到婴儿使用过渡性客体——第一个非我拥有物时,我们同时也见证了婴儿第一次使用象征和游戏的经历。我建构过渡性现象的一个本质就是,我们绝不向婴儿询问这样的问题:你创造了这个客体,还是你发现了它随手可得?也就是说,过渡性现象和过渡性客体的本质特征取决于我们观察它时的态度。

客体是小孩和母亲(或母亲的一部分)联盟的象征。这个象征可以被定位。那个在时间和空间上的位置就是(婴儿在心理上)把母亲从婴儿自己的构想中过渡为一个被感知的客体。对客体的使用象征着分开的两者(婴儿与母亲)联合起来,这在时间和空间上开始于他们分开的起始点[②]。

就在这个观点形成的时候,复杂的情况出现了,我们有必要这样去推测,那就是假设婴儿对客体的使用促成了婴儿的任何心理构建(即不仅是一项甚至是没有大脑的新生儿也可以进行

[②] 原本我的论文的名字是《过渡性客体和过渡性现象》(Transitional Objects and Transitional Phenomena, 1951),不过有必要通过指代为对客体的使用,从而简化问题。

的活动），那么一定在婴儿的内部世界中或个体的精神现实中出现了客体的影像。伴随着母亲对婴儿的照顾，一个外部的、独立的、真实的母亲的存在会加强婴儿的内部心理再现，使婴儿的内部客体形象得以保留。

我们来用公式重点理解一下这个过程中的时间因素。婴儿感觉母亲存在的时间是 X 分钟。如果母亲离开的时间超过了 X 分钟，则婴儿的内部世界中母亲的形象就会消退，随即婴儿运用该联合的象征的能力也会中断。婴儿十分痛苦，但是这种痛苦很快会得到改善，因为母亲在 X+Y 的时间内又回来了。在 X+Y 的时间内，婴儿并没有被转变。但是在 X+Y+Z 的时间内，婴儿就会有创伤性的感受，即使母亲在 X+Y+Z 的时间后回来了，也不能改善婴儿转变后的状态。创伤暗示了婴儿在连续的生活中经历了一次断裂。这样，一些原始的防御机制又被组织起来，用来防御"无法想象的焦虑"的反复或者初期未整合的自我结构中急性混乱状态的重现。

我们必须假定绝大多数婴儿并没有 X+Y+Z 时间段的这种丧失体会。这也就意味着绝大多数孩子不用带着曾经"发疯"的经历去生活。"发疯"在这里的意思是，在个人连续存在的时间段内的任何中断。当婴儿从 X+Y+Z 时间段的丧失体会中"复原"以后，会开始有一种根深蒂固的持续的丧失感，所丧失的恰好是提供个人连续感的基础。这也会影响记忆系统中的存在感和记忆的组织性。

与之相对，在婴儿经历了 X+Y+Z 时间段的丧失感后，我们发现，婴儿的自我结构会在母亲持续的细心关爱下得以修复。

这种自我结构的改善重建了婴儿对联合象征的使用能力，然后婴儿可以再次忍受分离，甚至可以从中获益。这就是我着手去研究的那个位置，分离不是分离，而是一种联合的形式③。

在我 40 岁刚开始发展我的这个理论的重要时刻，我的观点深深地（通过谈话）受到了 Marion Milner 的影响。她观察到了两个窗帘边缘的相互作用，或者说在一个水罐的前面有相连的另一个水罐（jug）（参见 Milner，1969）。

在这里我要强调一下，我所描述的现象没有高潮点。这与以本能为驱力的现象不同。在以本能为驱力的现象中，纵欲性因素扮演着重要的角色，满足与高潮密切相关。

我推测我所描述的这些现象和与客体关联的经历有关。我们可以想象"触电感"是一种多么有意义和亲密的接触方式，例如在两个一见倾心的恋人间发生的感情。而我所描述的这些游戏区域的现象同样有着多种变换形式，这和认为个人身体功能以及环境现实是一成不变的说法形成了鲜明对比。

那些合理地强调本能体验和挫折应对的重要性的精神分析家们，没有采用相对来说比较清晰的陈述方式，或者并不信服这些被称为游戏的非高潮性体验所能产生的巨大张力。当我们把神经症性疾病和自我防御与本能生活中的焦虑联系起来时，我们倾向于用自我防御的状态来描述健康。如果这些防御方式不

---

③ Merrell Middlemore（1941）在和育儿父母的接触中获得了大量的财富。她的观点已经接近我今天在这里的论述了。我们会从婴儿与母亲身体之间存在的（虽然也可能不存在）联系中得到大量的信息，特别是如果我们不仅仅从口欲期的满足和挫折等方面来观察（不管是直接的观察还是精神分析中的观察）婴儿时。

也可参见 Hoffer（1949，1950）。

是固化的或有其他问题，我们就认为它是好的。但是我们很少去描述什么样的生活是远离疾病或没有疾病的。

也就是说，我们还没有抓住"生活本身是什么"这个问题。我们的精神病患者会迫使我们去注意这样的基础问题。现在我们可以看到，并不是本能欲望的满足使婴儿存在，去感受外部世界，并开始真实的生活。实际上，本能的满足一开始只作为部分功能，并且对于一个没有稳固能力去感受整体体验以及过渡性区域体验的人，这种满足会成为一种诱惑。自体必须在自体使用本能之前就形成了；骑马的人必须骑在马上，而不是在一边跟着跑。我可以使用布丰（Buffon）的说法："风格简直就是人本身。"当一个人谈到另外一个人的时候，往往也会一起谈到他的整个文化经历。个人是由整体构成的。

我把文化经历看成是过渡性现象和游戏概念的一种延伸，把"文化"定义为一种不确定的游戏。但是，重点在体验上。当我使用"文化"这个词的时候，我想到了可继承的传统。我常常会想，如果我们能将所发现的放置在其中的话，个人或者群体可以为人类共性中的一些事物做出贡献，也常常可以从这些事物中学习。

这里有一些可靠的记录方法。毫无疑问，人类早期文明的资料绝大部分都已经丢失，但是从神话中我们可以发现，人类通过口头传承的传统文化在人类的发展史上至少已经流传了六千年。尽管所有历史学家都尽量努力地做到客观地看待问题，但这个历史还是通过神话延续到现在。

或许我对我所知道的和我所不知道的关于文化的意义已经说

得够多了。虽然它让我很感兴趣，但是有一个附带问题是，没有传统作为基础，就不会有任何原创性的文化领域。相反，除了经过仔细思考的引用，对文化有贡献者从来不会重复他人，在文化领域中不可饶恕的罪过就是剽窃。作为发明创造力的基础，原创性和接受传统之间的相互作用对我而言是又一个令人兴奋的关于分离和联合互相作用的例子。

我必须继续去推测婴儿在非常早期的经历，当婴儿开始发育出各种能力时，母亲对婴儿的需要给予非常敏锐的适应，使其在个人发育上成为可能，而这种适应建立在她对婴儿认同的基础上。（我特指的是婴儿能够开始组织复杂的心理防御之前的阶段。在这里我重申：婴儿必须在早期的体验中经历一定磨难，才能够使自己有深层的成熟。）

我的这个理论并没有动摇我对神经症病因学理论，以及我对神经症患者治疗方法的信任；这也不是与弗洛伊德的自我、本我、超我心理结构理论相冲突。我想说的是我对如下问题的观点：生活是关于什么的？你也许可以治疗好你的患者，尽管你不知道是什么使他（她）们的生活继续下去。首要的问题是，我们要开放性地承认没有神经症性的疾病也许就是健康，但那不是生活。精神病患者总是在生活和不生活之间徘徊，这使我们去面对这个问题，一个不光属于神经症患者的问题，而是所有人类都要去面对的问题。我的主张是，对于精神病患者或者有边缘障碍的患者而言，生活和死亡在我们的文化经历中同样会出现。这些文化经历超越了个人存在，使人类的种族得以延续。我相信人类的文化经历就是游戏的直接延续，即我们至今仍然未知的游戏。

主要论点

下面是我的主要观点，说明如下：

1. 文化经历的位置是个人和环境（最初是客体）之间的一个潜在空间。游戏也是这样。文化经历由创造性的生活开始，首先在游戏中显现。
2. 每一个个体对这个空间的使用能力由早期阶段个体存在的生活经历所决定。
3. 在开始的时候，婴儿会最大限度地体验到在主观性客体和被感知到的客观客体之间的潜在空间，在"我的延伸"和"非我"之间的潜在空间。这里只有"我"，以及外界有超出全能控制感之外的客体和现象，这两种感受在这个潜在空间中互相作用着。
4. 在这里，每一个婴儿都有他（她）自己最喜欢和最讨厌的经历。可依赖感是最好的经历。这个潜在的空间只会发生在婴儿有确定感时，也就是说，确定感与可依赖的母亲的特征或者可倚赖的环境特征联系在一起，可依赖感被婴儿内化到心里成为确定感。
5. 为了研究游戏以及个人的文化生活，我们需要去研究在因为对婴儿的爱而对其需要做出适当反应的

（因此也易犯错的）母亲角色与婴儿个体之间的这个潜在空间的命运。

如果这个区域被看成是自我结构的一部分，则这里有一部分的自我是非躯体的自我，它可以在身体体验中被找到，但是不能在身体功能中被找到。这些体验属于非纵欲性的客体关联，或者属于我们称之为自我关联的部分，在这个区域，连续性（continuity）让位于接近性（contiguity）。

继续讨论

研究这个潜在空间的命运是非常有必要的，这个区域也许会或也许不会在人的心理发展上有十分重要的位置。

在母亲从对婴儿的充分照料到不能完全适应婴儿之后，会发生什么？这就是问题的症结，当患者退行到一种依赖状态的时候，这个问题就会影响我们的治疗和分析。在这个处理的部分，通常良好的体验是（这开始得很早，而且一次又一次地重复），伴随着有想象力的游戏，婴儿保持着一种强烈的甚至是痛苦的快乐。这里没有预先设计好的游戏方式，所以一切都是被创造出来的，并且尽管游戏是婴儿与客体联系的一部分，但所发生的一切对婴儿而言都是个人化的。身体每个部分都被精心构想出来，并且婴儿在第一时间全部投入。我能够说这种现象就是"投注"所指的含义吗？

我想我和Fairbairn（1941）的概念"客体寻找"（与"寻找满足"相对）是一致的。

作为观察者，我们认为游戏中的事情在以前都是发生过的，并且被感受过、被闻到过；婴儿和母亲联合的特殊象征物（过渡性客体）也是被使用过的，而不是被创造的。但是对于婴儿而言（如果母亲能够给予适当的条件），其生活中的每一个细节都是创造性生活的例子。所有客体都是被"发现"的客体。只要有合适的机会，婴儿就会开始其创造性的生活，并且使用真实的客体来发挥其创造性。如果没有合适的机会，那么婴儿就没有一个游戏的区域，也就没有文化经历；紧接着就是没有与文化继承的连接，也就不会对文化做出贡献。

"有丧失感的孩子"会有持续的不安而不能游戏，他们的文化经历也很贫瘠。当那些已经被接受的依赖丧失时，对其进行观察引导我们去研究丧失感的作用。对婴儿早期任何阶段丧失的研究需要我们关注这个过渡性区域，或者主体和客体之间的潜在区域。依赖的失败和对客体的失去，对婴儿而言就等于失去了游戏的区域，失去了有特殊意义的象征物。而在顺利的环境下，这些潜在的空间会被婴儿创造性想象的内容填满。在不顺利的环境下，婴儿创造性使用客体的能力会失去或相对地不确定。我在其他地方（Winnicott，1960a）曾经描述过，当婴儿顺从的假性自体防御途径出现的时候，这个假性自体后面隐藏着具有潜在的创造性使用客体能力的真实自体。

在对环境依赖早期失败的案例中，另一个可能的危险是，这个潜在的空间可能会被婴儿以外的其他人填注。看上去，不管其他人填注了什么，在这个空间中的都是迫害性的物质，而婴儿没有拒绝它的方法。分析师需要意识到这一点，以免当分析师在治疗中创造出了确定感和可以游戏的中间性区域时,他们用自己的创造性想象的解释去填注或膨胀这个区域。

我引用了荣格派分析师 Fred Plaut 论文(1966)中的一段:

"形成图像并且通过与新的模式重新结合去建设性地使用它们的能力——不像在梦境或者幻想中那样——取决于个人去相信的能力。"

这里的词语"相信"就是我所指的,在利用及享受分离与独立之前,即婴儿有最大依赖感的时候,婴儿在自己的体验上建立起的确定感。

我建议现在是精神分析理论对第三区域做出贡献的时候了,这就是由游戏衍生出来的文化经历。精神病患者需要我们了解这一区域,这对我们评估人类的生活而不仅仅是人类的健康至关重要。(另外两个区域指的是个体内部或个人的精神世界和个体生存的真实世界。)

总结

我已经尝试引导大家关注第三区域即游戏的理论和实践的重要性,这可以扩展到创造性生活和人们的整个文化生活中。这个第三区域与个体内部或个人的精神世界以及外部的客观现实世界不同,后两者是可以被客观地感知到的。我把这个重要的体验区域定义为在个体和环境之间的一个潜在空间,这是一个婴儿和母亲联合与分离的时段,在母亲适当的关怀下,婴儿发展出依赖的能力，以及对环境的信任或者说是确定感。

需要注意到，这个潜在的空间有高度的可变性（不同个体之间），而另外两个重要的区域——个人的内部精神世界和外部的现实世界——则相对来说更恒定些。这两个区域，一个被生物因素决定，而另一个被人类社会的特点决定。

通过这个婴儿与母亲之间、孩子与家庭之间、个人与世界之间的潜在空间，婴儿获得信任感。它可以被个人看成是神圣之处，因为正是在这里，个人体验了创造性的生活。

相反，剥削式地开发这个区域会导致一个病理性环境，个体被其中自己无法摆脱掉的迫害性元素搞得混乱不堪。

我们可以看到分析师认识到这个区域的存在是多么重要。这是唯一一个游戏开始的区域，一个"连续 - 接近"的时刻，也是过渡性现象的发源地。

我希望我已经开始回答自己提出的问题：文化经历的位置在哪里？

我们生活的处所①

我将用一个抽象的词汇来描述一种在我们生活经历中的大多数时间都会经历的状态。

在我的叙述中,我表达了对这个问题的关注。我有时处于困惑之中,要么我走出这种困惑,要么理清事情的条理,从而至少有一次,我可以知道我在哪里。又或者我在海上航行,我使用锚就能靠泊在港湾(任何在暴风雨中的港湾),但一旦我踏上陆地,就会去寻找石头上盖建的房子,而不是沙土上的房子;如果在自己家里,也就是在我的城堡里(因为我是英国人),我就如同是在极乐世界。

我可以毫不费力地用日常语言来谈论我在外部(或共享)真实世界的行为;我也可以在地上蹲伏沉思,体验自己内心的神秘世界。

用"内在"这个词来指代精神现实也许是一种相当现代的用法,来说明当我们的情感成长和个性确立取得进步时,我们内

---

① 在这里,为了写给其他的、不同的读者,我将对前面一章的论点进行再陈述。

在的个人财富也随之累积起来了。

这里有两个位置，即个体内部的位置和个体外部的位置，但这是全部吗？

有些人会浅薄地根据行为以及行为中的反射和条件来理解人类生活，并且由此创建了行为治疗的方式。但我们中的大多数人厌倦了约束我们自己的行为，或者受那些性格外向的人的约束，那些人不管他们愿不愿意，实际上都是由潜意识驱动的。相反，那些把重点放在"内部"生活上的人，觉得经济甚至是饥饿的影响力远远没有神秘体验来得重要。对于后者，自体的中心是无限的；然而行为主义者认为，无限的外部现实可以越过月球，到达群星以及时间开始和结束的地方，即使时间是既没有开始也没有结束的。

我试图到达这两个极端之间的区域。如果我们回顾自己的生活，很可能会发现我们大量的时间既没有花在行为上，也没有花在沉思上，而是在其他的某处。我会问：那会是哪里呢？我试图去给一个答案。

一个中间区域

在精神分析的文献和大量受到弗洛伊德影响的文学著作中，可以发现一个倾向，即谈论一个人与客体相关的生活，或者是个体内部的生活。我们推测在人们与客体相关的生活中，有一种驱力促使人追求本能的满足，或者追求闲暇舒适的满足感。完整的论述还将包括置换的概念和所有升华的机制。如果这种兴奋没有产生满足感，就会导致个人不适和挫折感的产生，这种不适感包括躯体的不适以及发现替罪羊或者迫害者而感到的内疚或安慰。

在精神分析文献中，那些看上去做梦的人，或者醒的时候做着类似白日梦的人，是与我所说的神秘体验相关的。每一种情绪都有，并且情绪中无意识的幻想在两个极端之间变化，一端是一种理想化的状态，另一端是一种糟糕的被摧毁的状态——它们带来了极端的兴奋或失望，在身体上则会表现为身体的舒适或者是患病的感觉和想要自杀的冲动。

这是一个对大量文献的简单和有点歪曲的快速回顾，但我并不是在试图做一个总结性发言，而是想指出精神分析文献似乎没有给出我们想知道的问题的答案。例如，当我们听贝多芬的交响乐时，欣赏美术展览时，在床上读《特洛伊罗斯与克雷西达》(*Troilus and Cressida*) 时，或者打乒乓球时，我们正在做的是什么？当一个小孩在母亲的庇护下玩玩具的时候，他（她）正在做的是什么？当一群年轻人参加流行音乐会时，他们正在做的是什么？

这个问题不仅仅是：我们正在做什么？这个问题也需要被看成是：我们正在哪里（如果是任何地方的话）？我们已经运用了内部和外部的概念，但我们需要第三个概念。当我们做那些需要花大量时间做的事情，也就是我们享受自己的时候，我们在哪里呢？"升华"这个概念真的可以涵盖所有形式吗？对于那些被我们不适当地称为"内部"或者"外部"的生活区域，我们能够获得一些证据来检验它的存在吗？

莱昂内尔·特里林（Lionel Trilling，1955）在弗洛伊德周年纪念的演说中讲道：

"弗洛伊德在使用'文化'这个词的时候，采用了敬语，但是同时，我们也可以听到，在他对文化的描述中有着无尽的恼怒和抵抗。弗洛伊德与文化的关系必须被描述成是充满矛盾的。"

我想在特里林的讲演中，他所关注的弗洛伊德在文献中没有充分讲述的地方正是我在这里所指的，只是我们的描述方式不尽相同。

我看到人类有精于享受生活、享受美和享受抽象的人类发明的才能；与此同时，我看到婴儿充满创造性的举动，他把手伸到母亲的嘴里，碰到母亲的牙齿，同时看着母亲的眼睛，创造性地看着她。就我而言，我认为游戏自然地引导出了文化经历，并且形成了文化经历的基础。

现在，如果我的论点是有力的，那么用来互相比较的人类的心理状态应该是三个而不是两个。当我们去分辨人类心理的这三个状态时，会发现被我称为文化经历（或者是游戏）的第三种状态和另外两种状态有一个显著的不同点。

我们首先来看看外部的现实世界，以及个体和外部世界在客体关系和客体使用上的关系。人们会认为外部世界本身是一成不变的；而且，作为客体关系或者客体使用的支持，人类的本能是固定不变的，尽管会随不同的阶段和年龄，以及个人驾驶本能驱动的能力不同而有所变化。根据以前的精神分析文献中相当细致的范式,我在这里或多或少地进行了自由发挥。

下面,让我们再来看看内部的心理现实。一旦个体的成熟整合达到一定程度,包括自体单元的建立,也就意味着存在内部和外部以及外围的薄膜,个体的内部存在就建立了。在这里,稳定性来自遗传、个性的组织、内射的环境因素和投射的个人因素。

与这些不同的是,我看到的生活的第三个区域(文化经历和创造性游戏存在的地方)是一个不同人之间迥异多变的区域。正是这第三个区域,使个体在环境中获得了独特的体验(婴儿、儿童、青少年、成人)。这里的多变与内部世界及外部世界或者共享的世界中多变的现象有本质的不同。根据实际体验的总和,第三个区域的外延可以最小化,也可以最大化。

此时此地,就是这样一个特殊的多变性在影响着我,我希望能够去检验它的意义。我正在检验这个位置,这个与外部世界中的个体相联系的位置,这个文化体验(游戏)"发生"的位置。

一个潜在的空间

我提出对创造性游戏和文化经历的价值进行讨论,其中包括这个论点最复杂的部分,其位置就是婴儿和母亲之间的一个潜在空间。我是指:在婴儿与客体融合的末期,也就是婴儿将客体作为非我拒绝的时候,在婴儿与客体(母亲或者母亲的一部分)之间存在着(但是不可能存在)我假设的这个区域。

婴儿从与母亲融合的状态逐渐过渡到将自体与母亲分离的状

态，同时母亲也减弱了对婴儿需求的适应能力。(因为她从对婴儿的高度认同恢复到正常水平，也因为她察觉到了婴儿新的对分离的需求)[②]。

这正是所有心理治疗迟早会涉及的危险区域。由于分析师的可依赖性、对患者需求的适应和积极的投入，患者已经感觉到安全和可靠，就会开始产生一种对自由和独立的需要。这就像婴儿和母亲在一起，只有在治疗师准备好放手的情况下，患者才会变得独立，然而由治疗师这方做出任何要离开这种与患者融合状态的动作，都会遭到患者可怕的质疑，甚至是灾难性的威胁。

我曾经在第1章中举出了一个男孩使用绳子的例子。在这个例子中，我指出了被绳子既联合又分离的两个客体。这就是我所接受的并且不准备去解决的一种矛盾。只有自体与客体之间的空间缺失，孩子才能将自体与外部世界中的客体分离开来，这个潜在的空间被我所描述的方式填满。

也可以说，对于人类成人而言没有真正的分离，只有来自于要分离的威胁；而第一次的分离经历决定了分离创伤的大小。

现在，有人会问，这种对大家都有益的、在绝大多数情况下都会发生的，以及看上去真的发生了的主体与客体分离、婴儿与母亲分离是如何发生的呢？即使分离是不可能的，又是如何发生的呢？（我们必须接纳矛盾。）

答案在婴儿的生活经历中，即婴儿在与母亲或者母亲角色的

[②] 我曾经在我的论文 *Primary Maternal Preoccupation*（1956）中用大量篇幅讨论过这个论题。

联系中，通常会发展出对母亲依赖感的某种程度的信任；或者（在心理治疗中）患者开始感到治疗师的关注不是出于对依赖的需要，而是来自治疗师对患者认同的能力，像是在说"如果我是你……"。换言之，这就像是对婴儿或患者而言，母亲或治疗师的爱不再意味着满足依赖的需要，而是意味着提供了一个使他们由依赖迈向独立的机会。

婴儿可以在没有爱的情况下被养育，但是这种无爱和非个体化的养育不能够使孩子成为一个有自主感的人。在这里存在着一个让婴儿信任和可依赖的空间，这个空间可以因为婴儿与母亲的分离而变得无限大，并且它会被婴儿、儿童、青少年、成人的创造性游戏填满，在适当的时候它会变成令人愉快的文化继承。

游戏和文化经历的位置是由个体生活经历中的存在决定的，不是遗传而来的，这是这个空间的一个特征。婴儿在母亲从其自体分离出去时获得了细致的照料，这使婴儿的游戏区域得以扩展；而那些在这个阶段体验很差的婴儿，除非利用内倾和外倾的方式，否则其自体很少有机会发展。在后一种情况中，婴儿从来没有建立起与可靠性相当的信任感，因此也不会有放松的自我实现，所以在这种情况下，这个潜在的空间是没有意义的。

在更幸运些的婴儿（儿童、青少年和成人）的经历中，当分离来临时，这个关于分离的问题不会出现。这是因为在母亲与婴儿的这个潜在空间中，婴儿在放松的状态下自然地产生了创造性的游戏；就是在这里，婴儿发展出了对象征物的使用能力，也就是在这个时刻，外部世界的现象和个体的现象也开始被婴儿注意到。

　　人类的另外两个区域并不会因为我提出了第三个区域就失去重要性。如果我们真正去检视人类的心理，我们一定会期望可以有层次地逐一去观察它们。个体以可以使本能满足的方式与外部世界建立联系，可以是直接的，或者用升华的方式。同样，我们也知道睡眠和深度做梦在人格核心、沉思过程以及放松和混乱的精神矛盾中的重要位置。虽然如此，游戏和文化经历是另一个有着特殊价值的部分，它们联系着过去、现在和将来，也占用了时间和空间。它们需要并得到了我们的关注，这种关注是有意的，但并不刻意。

　　母亲适应着婴儿和孩子的需求，这使孩子逐渐地个人化和具有个性特征，而且这种适应也使母亲的可靠性得到了量化。婴儿对母亲可靠的依赖可以帮助婴儿和成长中的孩子增强自信心。这种婴儿对母亲可靠性的信心也会再现于对待其他人和事物上，这也使"非我"从"我"中分离出来成为可能。然而，创造性的游戏、婴儿对象征物的使用以及文化经历中所发生事件的总和填补了这个潜在的空间，就在此时分离被避免了。

　　因为这个潜在空间的局限性，有的人因为缺少信心，从而影响了游戏的能力；同样，尽管有一个空间去学习和成长，但是如果孩子周围的人曾经有过相关的失败经历，无法在合适的个性发展阶段为孩子引进文化元素，那么游戏和文化生活就会十分贫乏。自然，这种局限性来自于文化知识的缺乏，甚至会出现在孩子的照料者本身没有受到文化传承的情况下。

　　本章描述的第一个需求是，在每一个男孩或者女孩的早期发展阶段,"婴儿—母亲"以及"婴儿—父母"的关系是需要被保护的,只有这样才能形成一个让婴儿充满自信并可以去进行创造性游戏的潜在空间。

第二个需求是,对于那些在所有阶段都照顾小孩的人来说,他们需要根据孩子的能力、情感年龄和发展阶段,准备好让孩子接触与之相适应的文化继承元素。

思考人类生活中的第三个区域是十分有用的,这个区域既不是个体内部,也不是个体外部。这个中间阶段的生活占据了潜在空间,使空间以及婴儿与母亲的分离得以消失,所有成长都从这个现象中延伸发展出来。这个潜在的空间在个体之间有着显著的不同,当婴儿开始建立自主性自体的时候,会经历一个漫长的、充满危机的区分"非我"和"我"的阶段,在这个阶段中经历的好坏决定了婴儿对母亲的信任,而这种信任是这个潜在空间的基础。

9

儿童发展中母亲和家庭的镜像角色[①]

在个体发展中,最初的镜子就是妈妈的脸。现在我来谈谈这个问题的通常状况以及它的精神病理学。

雅克·拉康(Jacques Lacan)的论文 *Le Stade du Miroir*(1949)对我有很大的影响。他指出在每个个体的自我发展中镜子的应用。但是拉康并没有提到镜子和母亲的脸的关系,这也是我在这里要去说明的地方。

在这里,我仅仅是指有视觉的婴儿。关于弱视或者没有视觉的婴儿,我将在陈述主要观点之后再进行讨论。这个主要的观点是:在婴儿情感发展的早期阶段,还没有被婴儿从自身分离出去的外在环境起到了十分重要的作用。逐渐地,婴儿将"非我"从"我"中分离出去的过程开始了,这个过程的发展速度根据婴儿以及婴儿周围的环境而定。过程中的主要改变是母亲被分离出去,作为环境中的一个客观实体被感知到。如果那时没有一个像母亲一样的人在那里,婴儿在这个阶段的发展任务就会

[①] 发表于 P. Lomas (ed). *The Predicament of the Family: A Psycho-analytical Symposium* (1967). London: Hogarth Press and the Institute of Psycho-Analysis.

变得无限复杂。

让我简述一下环境功能,它包括了:

1. 抱持
2. 对待
3. 客体的呈现

婴儿会对这些环境供给做出反应,这导致了婴儿最大化的个人成熟。在这个阶段,成熟的意思包含了各种形式的整合,也包含了与身心的内部联系和客体联系。

如果婴儿被满意地抱持和对待,并视这样的客体呈现为理所当然,那么婴儿全能体验的合理性将不会受到侵犯。最后的结果就是婴儿能够使用客体,并且感觉到这个客体是被自己创造出来的,是主观性的客体。

所有这些都只是开始,从这里才能产生出婴儿和儿童情感及心理发展的庞大复杂体系[②]。

现在,有时候婴儿会环顾一下四周。或许看着乳房的婴儿并没有看到乳房,而看着母亲的脸更可能是一种特性(Gough,1962)。婴儿在那里看到了什么?要去寻求这个问题的答案,我们要从那些在治疗过程中退行到非常早期的状态下的患者中寻找,这些患者仍然能够用语言表达(当他们感到自己可以这样去做的时候)那些前语言的、非语言化的和除非用诗否则无法

[②] 关于更进一步和更详细的讨论,请参考我的论文 The Theory of the Parent-Infant Relationship(1960b)。

语言化的体验，而不会破坏其中的精妙。

当婴儿看着母亲的脸的时候，他或她看到了什么？我认为在通常状况下，他或她看到的是自己。换句话说，那时母亲正好在看着婴儿，她脸上的表情与她当时看到的密切相关。这似乎被当成是理所当然的。而我所要求的是，这件被那些关心自己孩子的母亲很自然地做到的事情，不应该被看成是理所当然的。我可以举这样的例子，即婴儿的母亲反射的是她自己的情绪，或者更糟，反射的是她自己僵化的防御方式。在这个例子中婴儿看到了什么呢？

当然不能就母亲没有做出反应的每一个场景进行讨论。而且，很多婴儿都不得不经历一个长时间的给予而没有得到回应的经历。他们在看着，但是没有看到自己。这样就会有以下的结果。首先，他们的创造能力开始萎缩，于是他们会在周围的环境中去寻求其他方式来取回自己的某些东西。他们或许会通过一些其他方法而获得成功，例如一个眼盲的婴儿会通过其他感官感觉，而不是通过视觉来从环境中得到反馈。的确，一个面部表情比较单一的母亲也会通过其他方式来对婴儿的行为做出回应。当婴儿处于困境或者有攻击性的时候，尤其是当婴儿生病的时候，绝大多数母亲都会做出回应。其次，婴儿会有一个固定的观点，即当他或她看的时候，看到的是母亲的脸。这时候母亲的脸就不是一面镜子。这个时候知觉代替了觉察。在觉察状态下，婴儿也许会开始与世界进行意义重大的交换，这是一个双向的过程，通过看到事物发现世界的意义，从而婴儿的自体也得到丰富，而现在这些都被知觉代替了。

自然，在这些场景中也会有折中的情况发生。这些婴儿不会轻易地放弃希望，他们会研究客体，尝试所有的可能，尽力去看到客体的某些应该具有但是却没有感觉到的意义。那些被母亲的失败捉弄了的小孩，他们会通过观察母亲的面部表情来预测母亲的情绪，就像我们研究天气一样。婴儿会学会迅速地做出预测："刚才我可以安全地不顾母亲的情绪，可以任性一些，但是母亲的表情在任何时候都可能突然变得严肃，情绪变得糟糕，我就得收回我自己的需要，否则我自体的感受就会受挫。"

　　超过婴儿忍受挫折的能力而达到病理性的范围是可以预见的，其具有不稳定性，并且限制了婴儿对事件的容忍能力。这会给婴儿带来一种来自于混乱的威胁，作为一种防御，婴儿会退缩，而且除了感知以外，很少会去看。这样被抚养长大的婴儿会对镜子和镜子里的东西感到迷惑。如果母亲的脸没有了反射功能，那么镜子就会成为一个只能够被看而不能够映照的镜子了。

　　回归到这个事件的正常过程中来，当一个普通的女孩在镜子中看到自己脸的时候，她会确信母亲的形象就在那里，母亲能够看到她，并且和她是一致的。当女孩和男孩处在他们的次级自恋相貌期中，照镜子是为了看见美丽并且坠入爱河时，有证据说明他们对自己母亲的照顾和爱的延续已经悄悄产生了怀疑。所以，一个因为女孩美丽的外表而去恋爱的男人和一个爱上女孩、感到女孩美丽并能看见其独特的美的男人有着显著的不同。

　　我不想极力主张我的观点，但是我将举几个例子，让读者充分理解我所表述的内容。

例子一

我首先要提到的是一个我十分熟悉的、养育了三个男孩的妇女。她非常支持自己的丈夫，她的丈夫有一个重要的、具有创造性的工作。但在这些表象的背后，这个妇女已经处在抑郁的边缘。每天早上她都会在绝望中醒来，这严重影响了她的婚姻生活。她对这种状况感到无能为力。每天当她临近起床的时候，她才不得不去处理这种令她麻痹的抑郁，最后当她清洗和穿着完毕以后，她就可以"戴上她的脸了"。现在她又重新获得了力量，能够去面对世界和承担家庭责任了。这个异常聪慧和有责任感的人并不能发展出一个很好的应对这种慢性抑郁状态的方式，最后这种状态逐渐演变成了一种慢性的躯体障碍。

这种复发模式很容易在生活和临床中见到。这个案例只是夸大了一些正常的情况。夸大是为了引起对镜子的关注和赞成。这个女人不得不成为她自己的母亲。如果有一个自己的女儿，她肯定会感到很安慰，但是她的女儿会感到痛苦，因为她总是要不断地为她的母亲平复不安感，这种不安来自于这位母亲不确定她自己的母亲对她的注视。

读者或许已经想到了弗朗西斯·培根（Francis Bacon）。我在这里所指的并不是那位说过"一张美丽的脸就是沉默的赞赏"以及"美丽的最美妙之处是无法用言语描述的那个画面"的那个培根，而是我们这个时代的愤怒的、有技巧的、大胆的艺术家，不断描绘着被歪曲了的人类的脸。从本章的观点中可以得出，这个时代的弗朗西斯·培根，正从他母亲的脸上看到他自己，但是他或者她的脸都被扭曲得令他和我们发疯。我对这个艺术家的私生活一无所知，我之所以会提到他，是因为他所做的事情与我们所讨论的脸和自体有关。在现实中，培根的脸给我的感觉与实际的相差十分遥远；从那些脸上，我可以看到他正在为被看到而痛苦斗争，而这是创造性地看的基础。

我看到从觉察到知觉的过程中有一个历史性的过程（对个体而言），是关于被看见的：

当我看着我被看到了，我就存在。
现在我能够看和去看到。
现在我能创造性地去看并且能感知到我所看到的。
实际上，我很小心地不去看到那些不应该在那里被看到的（除非我很疲惫）。

例子二

一位患者报告说："我昨晚去了咖啡吧，但在那里，我被各式各样的人惊呆了。"并且她描述了一部分人的特征。这个患者有着漂亮的外表，如果她愿意的话，她可以成为任何场合的焦点。我问道："有人看你吗？"她做了些努力，尝试去想象她的确吸引了一些注意力，但是她昨晚带了一个男伴和她在一起，她会认为大家注意的是她的男伴，而不是她自己。

从这里开始，我和患者一起对她的早年经历中因为被看到而感觉到自己存在的部分进行了回顾。实际上，患者在这方面的经历是十分悲惨的。

接着这个话题被其他题材转移了，但是从某种程度上说，对这个患者的整个分析都在围绕着她在任何时候实际上"被看"成了什么，并且有些时候她治疗的主要事项是她被细致地看到。这个患者对绘画和视觉艺术的判断十分敏感，对美的缺乏使她的个性无法整合，以至于她对自己外貌的感受是糟糕的（失整合或失个性的）。

例子三

我有一个研究个案，患者是一名接受长程分析的女性。这位患者经历了很长时间才能感受现实。一个喜欢讽刺的人可能会问：结果是什么？但她感到长程治疗是值得的，我也从她那里得到了许多对早期现象的了解。

在治疗中有一种像婴儿依赖般的严重退行。在她的成长环境中，有许多方面都是有缺陷的，但是在治疗中我着重处理她母亲的抑郁情绪对她的影响。我们反复地就这个问题进行工作。作为分析师，我被迫去替代母亲的角色，努力促使患者作为一个个体而开始[3]。

这个时候，在这次治疗快结束之际，患者向我描述了她的保姆的特点。我已经很清楚地知道了她母亲的特点以及僵化的防御方式。很明显，（如患者所说）她的母亲选择了一

---

[3] 这个案例中的一个方面曾经在我的论文 Metapsychological and Clinical Aspects of Regression within the Psycho-Analytical Set-Up（1954）中做过报告。

个带有抑郁情绪的保姆来代替她照顾孩子，这样可以避免她和孩子的亲密程度降低。一个生动的保姆会很自然地从她那里把孩子"偷走"。

这个患者跟这些所描绘的女人一样，性格中有一个显著的缺失，那就是对脸没有描述的兴趣。她当然也没有在镜子中自我检视的青春期阶段，现在她看到镜子中的自己时，只会觉得"她看起来像个丑老太婆"（患者自己的描述）。

就在这一周，患者在一本书的封面上发现了我的相片。她写信给我说她想要一个更大的版本，以便她可以看到皱纹和这张"老人的特写照"中的脸部细节。我给她寄了相片（她住得很远，我只是偶尔见她），并且做了一些解释，这也是我在本章中想要说到的。

患者感到她只是简单地要求这个给了她很多帮助的男人寄给她肖像而已（我的确给予她很多帮助）。但是实际上她需要被告知的是，在我充满皱纹的脸上有些特征是与她的母亲和保姆僵化的脸相联系着的。

我认为我了解脸的这些意义是十分重要的。患者通过找寻脸来反射她自己，同时她所看到的我脸上的那些皱纹会重现她母亲僵化的面容。

实际上，患者有着和善的面容，是一个极度富有同情心的人。在一段时间里，她能够很好地把自己与别人的困难或者生活事件联系在一起。她的这种个性特点经常会让别人认为她是一个可以依靠的人。但事实上，一旦她感到被卷入，尤其是被卷入到抑郁情绪中的时候，就会自动地退缩，抱着一个热水瓶蜷在床上,去宽慰她的内心。此刻,她是脆弱的。

例子四

我所记录的这些材料都是基于在一个小时的分析过程中我的患者所提供的内容。这个女患者的现状与其建立个体感受的阶段紧密相连。在这一个小时中她提到了"墙上的镜子"。然后她说:"当孩子去看镜子但是什么也没有看到时,多可怕啊。"

接下来的内容是有关她是婴儿时,她的母亲提供给她的环境的。除非与婴儿建立了十分积极的联系,否则是不会出现母亲和其他人说话的画面的。这里指的是婴儿能够看到妈妈,并且能够看到她和别人说话。然后,这位患者说她对弗朗西斯·培根(Francis Bacon)的画有着浓厚的兴趣,她甚至想借给我一本关于这位艺术家的书。她强调了这本书中的一个细节。弗朗西斯·培根说:"他喜欢在自己的画上加一面玻璃,那样看画的人不仅仅看到了画;他们可能实际上看到了自己。"④

---

④见于《弗朗西斯·培根:作品目录与说明》(Alley,1964)。在这本书的介绍里,John Rothenstein 写道:

"看培根的书就如同照镜子,在镜子中我们看到自己的苦恼,以及我们面对孤独、羞愧、年老和来自死亡威胁的恐惧。

他公开表明他喜欢在画上镶上玻璃,这和他依赖运气有关。这个喜好来源于玻璃会将画作和环境分开(就像他画中的雏菊和栏杆会把画的主题和环境分开一样),对画也有保护。这里有他的观点,他觉得倒影会给画作添加效果。我从他那里听说,他的深蓝色画作会让观赏的人在看画的时候看到自己的脸,这会让画作增色不少。"

在此之后，患者继续谈"镜像阶段"（"*Le Stade du Miroir*"），因为她了解拉康的作品，但是患者不能够将镜子和母亲的脸联系起来（我想这是我能够做到的）。在治疗中，我的工作不是去帮助患者做这个联系，因为患者正处在自我发现的阶段。此刻，过早的解释会毁灭患者的创造力，并且因抵抗自然的成长而造成创伤感。这个主题在对患者的分析中十分重要，它也会以其他的形式出现。

婴儿和儿童在一瞥中从母亲的脸上看到了自己，然后是从镜子中看到自己，这给了我们一个分析的途径，也给了我们一个在分析治疗中的任务。心理治疗不是自作聪明地去解释；总体来说，它是一个将患者带来的部分再还给患者的长期过程。脸可以反射所看到的东西，这是脸的一个复杂的衍生作用。我喜欢这样去思考我的工作，如果我做得足够好，患者将找到他或她的自体，并且能够存在和感受真实。感受真实比存在更重要；通过它可以寻找一种个体存在的方式以及自体和客体建立联系的方式，并且可以拥有一个为了放松而撤退的方式。

但是我不想给大家一个印象，即我们去做的这种反射是很简单的任务。它并不简单，而且会耗尽精力，但我们也会有所回报。即使在患者还没有治愈的时候，他们也会因为看到了自己而感激我们，这会使我们得到深深的满足。

这就是我所提到的，对于孩子和家庭而言，母亲为婴儿反射婴儿自体的重要性。自然，随着孩子心理的发展，它趋向成熟的过程变得更加复杂并且认同增加，孩子也越来越少地通过从父亲、母亲、等同于父母的人或者兄弟姐妹的脸上反射而获得自体（Winnicott，1960a）。虽然如此，当一个完整的家庭经历这个时期的时候，婴儿能够从这个家庭每个成员的态度中看到自己，也可以从所有家庭成员的整体态度中看到自己。我们可以认为这些是实际存在于房间中的镜子，而且孩子可以有机会看到他们的父母或者其他人在看着他们自己。我们应该明白，镜子主要的重要性在于它的象征意义。

用这样的方式，我讲述了家庭在个人成长和丰富家庭中每个成员方面所做出的贡献。

10

来自交互认同而非本能驱力的相互关系

在这一章我将平行叙述两种不同的观点,每种观点以其自身的方式阐述交流的模式。这里有很多种相互交流的模式以及看起来没有必要的分类,因为分类意味着人为划定界限。

我首先要描述的是对一个在青春期早期的女孩进行治疗性咨询的例子。这次咨询的结果是为一个完整的分析铺平了道路。这个分析持续了3年,可以视为成功。但是,提供这个案例并非有意突出治疗的结果,而在于阐述任何这类型的案例描述都在表明,治疗师是如何作为一面镜子出现的。

我希望在描述这一案例之后,用理论陈述来说明通过交互认同进行交流的重要性。

对治疗的一般评论

那些内射或投射认同能力有限的患者给治疗师造成了严重的困难。治疗师不得不遭受在本能驱使下的见诸行动和移情现象。在这种情况下,治疗师主要的希望在于增加患者交互认同的程度。这不是通过解释,而是在治疗中通过具体的体验达到。为此,治疗师必须考虑到时间因素,不能期待会有即刻显效的治疗结果。不论解释是多么及时和精准,也无法提供所有的答案。

在治疗师的特殊工作手段中,解释应表现为更自然的语言化体验,直接地呈现在治疗过程中。在这里,解释并不用于对崭新的意识进行语言化。

必须承认,没有合理的理由来说明这些材料会收入到这本专门论述过渡性现象的书中。然而,在使经典精神分析理论有意义的心理机制建立之前,关于早期的心理功能会有形形色色的各种疑问。过渡性现象的概念可以用来概括所有这些早期的功能类型,或许可以将注意力集中到这样的事实上,即存在着大量不同的心理功能,而且这些心理功能对于分裂状态的心理病理学研究十分重要。再者,如果要对个体人格的开始阶段做出满意的解释,那么这些心理功能类型必须得到研究。毫无疑问,人类生活中的文化,包括艺术、哲学和宗教,也十分重视这一现象。

和一个青少年的访谈

一个治疗性咨询[①]

在治疗当时,萨拉(Sarah)16 岁,有一个 14 岁的弟弟和一个 9 岁的妹妹,她的家庭是完整的。

[①] 临床描述一定会涵盖很多并不直接相关的部分,除非报告是被严格编辑过的,但在编辑的过程中,材料失去了真实性。

萨拉的父母将萨拉从乡下的家中带到了这里。我和他们三人一起谈了 3 分钟,重温了多年前的会晤。当然,我不是指他们的来访就是为了这个目的。然后萨拉的父母到接待室去了。我给了她父亲我前门的钥匙,并对他说,我不知道要和萨拉待多长时间。

我有意把自从我在萨拉两岁时第一次见到她时起发生的相当数量的细节省略。

萨拉,16 岁,有一头中长的披肩直发。她看起来很健康,身材也很好。她穿了一件黑色的塑料外套,看起来是个单纯、富有乡村气息的青少年。她很聪明,有幽默感,但本质上还是很严肃。她很高兴我们的接触以游戏的方式开始。

"什么样的游戏?"

我告诉她,就是随意地画一些东西,是没有规则的游戏[2]。

(1)我的随意涂写。
(2)我的第二次尝试。

萨拉说她喜欢学校。父母和学校都想让她来看医生。她说:"我相信我两岁的时候来见过您,因为当时我不喜欢我弟弟的出生,但我不记得那些事情了。我想我只记得一些。"

她看看(2)说:"可以是任何方式吗?"

我说:"没有任何规则。"于是,她在我的图画上加上了一片

---

[2] 这里没有必要给出真实的图画。这些图画在文章中以数字[(1)、(2)等]标出。有关类似的交流技术参见 Therapeutic Consultations in Child Psychiatry(Winnicott, 1971)。

叶子作为背景。我说我喜欢她画的叶子，并指出它优美的曲线。

（3）她画的。她说："我要把它尽可能地变难些。"于是她画了一条精细的直线。我把这条线当作拐杖，把它剩余的部分变成了一个严格教学的女教师。她说道："这不是我的老师，她一点都不像这样，她倒像我第一所学校里的一个我不喜欢的老师。"

（4）我画的，她把它变成了一个人。她说，长发意味着一个男孩的头发，但是脸可以是任何性别的。

（5）她画的，我试图将其转变为一个跳舞的人。原来图画的效果比我增加以后的好。

（6）我画的，然后她迅速把它转变成一个男人，把他的鼻子靠在球拍上。我说："你介意玩这样的游戏吗？"她说："不，当然不介意。"

（7）她画的，她自己指出这是一个有意识或深思熟虑的画。我把它变成一只鸟。她向我展示了她是怎样处理图画的（倒过来看），类似一个男人戴着高帽，衣领很硬。

（8）我画的，她把它画成了一个单薄的旧音乐架。她喜欢音乐，也唱歌，但她不会演奏任何乐器。

（9）在此处她看起来在涂写上有很大的困难，但她还是画了，并且说道："都挤到一块儿了，既不自由，也无法展开。"

这就是主要的交流方式。自然，所需要的只是我应该理解这是一种交流方式，并准备允许她扩展她传递的信息。

（对于读者来说，没有必要进一步了解访谈的细节。但是我给出了整个访谈，因为材料是可用的，放弃剩下的部分就会浪费这样一个机会，即报告一个青少年的自我是怎样在专业的交流情境下呈现的。）

我说："这是你，不是吗？"
她说："是的，你看我有一点害羞。"
我说："当然，你不了解我，并且不知道为何而来，也不知道我们要做些什么……"
她主动地接着我说："你可以继续，这些涂写都不是自发的。我一直都在努力地表现自己，因为我对自己不是很确定。我已经像这个样子很多年了。我不记得我还有其他的状态。"
我说："有点悲伤，不是吗？"——以此来表明我听到了她说的话，并感受到了她话里的含义。

萨拉此刻进入了与我的交流中，急切地想表达，向她自己和我展现自己。

她继续说道："真是猪头，愚蠢。我总是尽力使人们喜欢我，尊重我，不愚弄我。这是自私的。我努力了，或许有用。当然，如果我努力取悦他们，然后他们笑了，那么一切都是完美的。但我总是坐在那里思索，我给别人留下了什么样的印象。我至今还保持这样的状态，试图获得一鸣惊人的成功。"
我说："但现在你在这里并不是那样的。"

她说:"是。因为现在那些都无关紧要了。可能你在寻找事情的真相,所以你使我有可能不必像原先一样。你想找出什么东西出了问题;我觉得这是一个阶段,我正在慢慢长大。我帮不了你,因为我也不知道为什么。"

我问道:"你怎么想象你自己?"

"哦,我想象自己是平静的、镇定、随意、很成功,十分有吸引力,苗条,有修长的手脚和长发。我画不好图[尝试(10)],但我大步向前,背着挎包。我不觉得难为情或者害羞。"

"在你的想象中,你是男的还是女的?"

"通常我是个女孩。我没有把自己想象成一个男孩。我也不想成为一个男孩。我想过成为一个男孩,但那不是愿望。男人当然对他们自己很自信,而且有影响力,他们会更成功。"

我们看着(6)中的男人,她说:"他看起来很迷人,而且这是晴朗的一天。他累了,正在休息,鼻子顶着球拍线。或者他是抑郁的。"

我询问她关于她的父亲。

"爸爸不太关心他自己,他只是想着他的工作。对,我爱他,很崇拜他。我弟弟说他和别人之间有道屏障。他对人很好,很温和。他不大表达他的想法,谈起话来很轻松的样子。他很可爱、很有趣,而且很聪明;如果他有困难,他不会告诉别人。我就不同。我会冲进别人的房间里说'我很不高兴!'以及其他类似的话。"

"你可以这样对你母亲吗?"

"是的,但在学校,我可能这样对待我的朋友。对男孩更多些。我十分要好的朋友是个女孩,和我一样,不过年纪稍微大一点儿。她好像总是会说:'一年前我就是那样的感觉。'男孩子不会说什么,他们不会说我很愚蠢。他们倒比较有善意,也比较能够理解我。你看,他们不必证明他们很有男子气概。我最好的朋友,大卫(David),他很抑郁,比我小。我有很多很多朋友。但是只有几个算是忠诚的。"

我在这里询问了她几个真实的梦。

"它们多半很可怕。有一个梦我做了几次。"

我要她试着描述一下。

(10)反复出现的梦。"那个梦境十分真实,像是在家里。高高的篱笆后面有一个玫瑰园,园间的路很窄。我被一个男人追赶,我拼命地跑,一切都很逼真、可怕。四周泥泞,当我转弯的时候,我好像跑过糖浆。在梦里我挺狼狈的。"

随后,她又补充道:"那个男人高大并且皮肤黑(不是个黑人)。他是秃顶。我当时惊恐万分。不,这不是个性梦。我不知道这个梦意味着什么。"

(11)"另一个梦是在我小时候,大概6岁,发生在我们家的房子里。我以旁观的角度描述它,但在梦里情形并不是这样[3]。房子左边有一片篱笆,转进了房子。后面有一棵树。我跑进房子,上楼,碗橱里站着一个女巫。有点像童话。那个女巫拿着

---

[3] "旁观"可能是指从一个有利的观察角度来探明母亲的新近怀孕。

扫帚，旁边是一只鹅。她从我身边走过，脸色很难看。梦里的气氛很紧张。四周寂静，你会期待着声响，但那里没有任何声音。那只肥大的白鹅站在橱柜里，但它对于那个狭小的碗橱来说实在太大了。它不可能装在里面。"

"通往篱笆的路是一段下坡路。我喜欢一路而下。因为路很陡峭，你失控地猛冲下去。那个女巫每走一步，下一步的阶梯就消失了，所以我无法下去或摆脱她。"

我将这作为一种想象中的她和她母亲的关系。

她说："大概是吧，不过或许也可以有其他解释。在那个年龄，我总是对我母亲说谎。（我现在仍撒谎，但我尽力及时制止自己。）"

她这里似乎指的是一种分离的感觉，同样也可能是一种被欺骗的感觉。

我问她是否也在捏造事实。她说："不，不是的。"

她继续讲了一些她撒谎的例子，所有都跟家庭琐事有关。"'你打扫你的房间了吗？''你给你的地板打蜡了吗？'等等。我总是在撒谎，不管母亲给我多少机会承认自己撒谎。在学校，我因家庭作业也经常撒谎，我学习不努力。上个学期我倒是过得很快活，这个学期不行了。我想我是长得太快了；嗯，不是太快，只是在长。你看，理性和逻辑的成长比我情感的成长要快得多。在情感方面我没有跟上。"

我问她月经是否来潮，她说："来了，好几年前就来了。"

这里萨拉谈了她觉得重要的事情，这可能是她对自己状况最接近的一次陈述了。她说："我无法解释，我感觉自己好像坐在或站在教堂尖顶的最上空。周围没有任何东西能够保护我，让我不下落，我很无助。我看起来仅仅是在保持平衡。"

我提醒她，尽管我知道她不记得，但是在她1岁9个月时，她母亲因为有了3个月的身孕，不能像以前那样自然地抱她后，她改变了（后来母亲再次怀孕是她6或7岁的时候）。萨拉看起来接受所有的解释，但她说："还不仅是这些。好像有什么东西在追赶我，不是一个男人在追赶一个女孩，而是有一种东西在追赶我。是有人在我身后的问题。"

在这一点上，治疗的特质发生了改变。萨拉变成了一个有偏执型精神障碍表现的患者。这样，萨拉变得依赖于她在专业情境中找到的某种特质，她对我也表现出高度的信任。她相信我会把她的状态作为一种疾病或一种痛苦的信号来对待，并且不会表现出对她疾病的恐惧。

她现在有了很多不得不说的话，她继续说道："人们可能会笑话我，除非我及时地控制住我自己，并且理性地对待被笑话背后的伤害。"

我让她试着告诉我一些最坏的情况。

"当我11岁的时候，我的小学高年级开始了。我喜欢低年级的生活（她描述了学校里的花丛和一些她喜欢的东西，以及那里的女校长），但是高年级学校是势利的、不友好的和伪善的。"她以强烈的情绪说道:"我感到没有价值,身体上也受到了惊吓。我等待的是被刺伤、被枪击或被勒死。特别是被刺伤。就像有什么东西钉在你的背上,而你不知道。"

在这里,她以不同的语气问道:"我们有任何进展吗?"

如果要继续的话,她看起来需要一些鼓励。我当然不知道会不会有什么事情发生。

"更糟的是(她现在看起来情绪不是那么低落),当我向一些人倾诉十分隐私的事情时,我对他们绝对信任,期望他们不要讨厌我,或者不要变得没有同情心或不理解我。但是你看,他们变了,变得不再是他们了。"她继续说道:"最恶心的是,当我哭泣的时候,我身边找不到任何人。"这时,她从脆弱的状态中脱离出来,说道:"而那都没关系,我自己能够处理。但是当我抑郁的时候,确实很烦人;它使我变得无趣。我忧伤、内省,除了我的女同伴和大卫外,所有人都离开了我。"

这时需要一些我的帮助。

我说:"抑郁意味着一些潜意识的东西(我可以对她使用这个词)。你恨那些你信赖而后又变心的人,他们不再能信赖,不能体谅人,而且还变得有报复心。而你没有憎恨这些本来可信赖而又变心的人,反而是你变得抑郁。"

我的话看起来有一些帮助。

她继续说道:"我不喜欢那些伤害我的人。"然后她开始直接咒骂学校里的一个女人,抛开她的理性,直接表达她的情绪,即使这些表达是基于幻想的。

可以这样说,她正在通过释放或再现来描述她在学校受到的一次疯狂的攻击,但我并不知道详情。我现在能明白为什么她会被送回家,并被推荐来看我了。她的描述如下:

"学校的那个女人我简直不能忍受,我无以表达我对她讨厌的程度。她遭受了一些可怕的事情,但这些我都遇到过,我觉得那不算什么。她只想到她自己,她以自我为中心,虚荣。我也是这样。她很冷漠,令人讨厌。她是个女舍监,照看着洗衣店和咖啡、点心以及所有东西。她从不做自己的工作,整日和年轻的男同事聊天取乐,喝雪梨酒(学校不允许喝酒),抽俄罗斯黑雪茄。她明目张胆地在我们的起居室里做这些。

于是我拿了把刀。我只是把它扔出去,扔在了门上。如果我想过,我就会知道那样做会发出怎样的噪音。然后,当然,那个女人走了进来。'什么?你疯了吗?'我努力保持镇静,显得有礼貌,但她强迫我说我肯定是发疯了。这样我撒了一个谎,除了我的朋友和大卫以及你,绝对没有人知道那只是一个谎言。尽管她说'我不相信你',但我说服了她。"(萨拉说了一个谎,说她试着修那门上的把手,我怀疑是否真的有人相信她。)

她还没有说完,而且依旧显得很激动:"当时我戴着这样的帽子(比划),她走过来说:'把你可笑的帽子摘了!'我说:'不行,为什么?'她说:'因为我叫你这样做。马上摘下来!'那时,我拼命地尖叫!"

这时我记起了在她1岁9个月,从一个正常的小孩变成一个生病的小孩时,她的母亲已有3个月的身孕,这对她明显造成了很大的困扰。当时她也是拼命地尖叫。我当时跟萨拉有所接触,14年前我的记录囊括了所有我获悉的历史,我对自己的判断很自信。

萨拉继续谈到这个女人:"你看,在她内心里和任何人一样感到不安全。她嚷道:'你为什么不多叫几声?'好像是在挑衅我。我做了,她说:'你为什么不喊出来?'我又更大声地喊了几声。一切就这样结束了。你看,她老了。"

我问道:"她40岁?"

她说:"是的。"然后继续说道:"我抱怨她在我们的房间做的事情,使我们不得不敲她的(我们的)门,以及她如何抱怨'你从来都不来看我,只去喝咖啡和吃饼干'(这是事实)。"

这些材料表明了在退行和导向独立的前行机制之间的摆动。

接下来一些重要的部分没有被记录下来,因为我没有办法记录。

我们讨论的所有内容都真实地发生过。我指出，她能够充分表达她的愤怒是一种释放，但这不是所有问题的所在。事实上她恨的不是那个挑衅她的女人，而是另外一个好的、能够理解的、可以依赖的女人。是那个女人面对挑衅的反应激起了萨拉的恨。萨拉的母亲从特别好变成了一点也不好，这使她突然间产生幻灭感，这一点在母亲怀有6个月的身孕时表现得更为特殊。萨拉的变化来自母亲的变化。

萨拉一直要我明白，她真正的母亲是她想要的那个母亲。

我说我知道这些，但是原先突然的幻灭已使她有了一种信念，即如果一个很好的人转身不在了，这个人就会发生变化，于是就会被憎恨；只不过（我说）我知道萨拉没有形成这种仇恨去攻击好的客体。我也将话题带到我自身，说道："我在这里，你用一种特殊的方式使用我；但是你的模式是希望我改变，或许是背叛你。"

最开始，我想萨拉不会认识到她期待的那种模式，但之后她告诉我她和一个男孩的经历，表明她在怎样重复这种模式。那是个很好的男孩。萨拉无条件地信赖他，他不会让她失望，他爱萨拉，现在也是。但萨拉绝望的自我总是要破坏这种关系，她试着不喜欢那个男孩，但那个男孩仍然喜欢她。两个月后，那个男孩说："我们不要再见面了，一会儿都不可以。真是太糟糕了。"萨拉震惊了，感到很奇怪。然后那个男孩离开了，他们的关系也就破裂了。萨拉很清楚是她导致了关系破裂，因为她总会幻想，认为对方会突然改变来中断他们的关系。

我指出，这是她既惧怕又期望的重复，因为这在她的内心已既成事实。所有的一切都基于父母的爱和她 1 岁半时母亲怀孕了，以及她 1 岁零 9 个月时无法处理这种变化的，除非她认可好的东西总会发生变化，但这样就会导致她去憎恨它、破坏它。

萨拉好像获悉了所有这一切，现在变得很平静。然后她谈到母亲是怎样说了下面的这些话：这只是一个过程，你得一天天支撑下去，直到你发展出自己的哲学。

她继续谈到聪明的大卫。大卫是个愤世嫉俗者。"不过犬儒派不适合我，"她说，"我不大懂它的含义。我很自然地相信人们。只是我抑郁。大卫跟我提到过存在主义，这使我的内心烦乱得无以表达。母亲解释过人们是怎样认为他们找到了完美的哲学，然后又弃而不顾，重新再去寻找新的哲学。我想开始去寻找，我不想看起来像个木瓜。我想变得不那么自私，更乐善好施和有更好的理解力。"

她审视自身时所发现的结果与她理想的自己有很大的差异。

我说："好的，但是我想让你知道，我能看到你看不到的一件事情。你的愤怒是针对一个好女人，而不是一个坏女人。那个好女人变坏了。"

她说："妈妈不是这样的，她现在很好呀。"

我说："是的，这是一种梦中的模式，你记不起来了，你破坏了你所依赖的母亲的形象。你的任务是在你变得有些愤怒和希望破灭的时候，经历一些的确有些变化的人际关系，并且所有人都能幸存下来。"

我们看起来已经结束了这次治疗,但萨拉有些犹豫,她说:"但是我怎样才能阻断这种突然的大哭呢?"她告诉我,当她和我谈话时,她内心里哭了很长一段时间,但她忍住了真实的眼泪:"否则我谈不下去。"

    萨拉度过了这段和我一起分享的经历。尽管我们都有些累了,但是她看起来有一些释怀。

最后,她问:"嗯,我该做些什么?今晚我坐火车回学校,然后会发生什么呢?要是我无所作为,我又会和从前一样,对大卫和我的朋友来说,我是个坏人。不过……"

我这样对她说:"嗯,澄清所有这一切比学习历史和其他课程更重要,所以待在家里直到期末怎么样?你的妈妈会让你这样吗?"

她说这是个很好的主意,当然她已经想到过这个办法。学校会把作业送到家里,在家里平和的气氛下,她可以对我们谈到的事情进行深思熟虑。

于是我同她的母亲协调了这件事,萨拉在一旁。

最后,萨拉对我说:"我想我让你累坏了吧。"

    我觉得萨拉获得了一些重要的感受,她可以在家里好好地利用接下来的两个月,期待假期再次到我这里来。

结果

治疗性访谈的结果是萨拉变得渴望精神分析治疗。她没有回到学校，而是开始了分析，在 3～4 年的治疗中都十分合作。我可以报告这个治疗结束得很自然，它算得上是成功的治疗。

当萨拉 21 岁的时候，她在大学里面已经做得很好了，她把握生活的方式显示她已经摆脱了曾经强迫她破坏良好关系的偏执想法。

尾声

我可以评论一下我自己在治疗中的行为。很多言语在表达出来时，多半是没有必要的。但是必须记住的是，在那个时候，我并不知道这是否是唯一一次我可以对萨拉有所帮助的机会。如果我事先知道她会继续进行精神分析治疗，我将说得更少，只需要说那些让她知道我在倾听的话，关注她的感受，并通过我的反应来表明我能够接纳她的焦虑。我更多的时候像一面人之镜。

与交互认同相关的相互关系[4]

我现在就是否有使用投射和内射的心理机制的能力这方面的问题来讨论人际交流。

---

[4] 发表于 "La interrelación en terminos de identificaciones cruzadas" in Revista de Psicoa-nalists, Tomo 25, No. 3/4（1968）. Buenos Aires.

逐渐发展起来的客体关系是个体在情感发展中取得的一项成就。在一个极端，客体关系中存在着本能力量，这里的客体关系的概念范围更宽泛，包括了使用置换和象征的例子。在另一个极端，指那些我们可以推断在个体生命周期的早年就已经存在的客体关系，那时客体还没有从主体中分离出来。这种情况可以用"融合"这个词来指代，即从分离状态所回归的一种状态，但是可以假定，在生命周期的开始，至少在理论上，在非我从我中分离以前还存在着一个阶段（参见 Milner，1969）。"共生"这个词被用在了这一区域（Mahler，1969）。但对我来讲，这过于偏向生物学，我不太能接受。从观察者的角度来讲，与客体的联系出现在融合阶段，但是大家应该记得早期的客体是一种"主观性客体"。我使用主观性客体来统一我们所观察到的和婴儿体验到的之间的矛盾（Winnicott，1962）。

在个体情感发展的过程中，当达到一个阶段时，我们会认为个体成为一个整体。在术语上，我认为这是一个"我是"（I am）阶段（Winnicott，1958b）。无论我们称它为什么，这个阶段有它的重要性，因为个体需要在"做"（doing）之前达到"是"（being）。"我是"必须在"我做"（I doing）之前，否则"我做"对于个体来说是没有意义的。假定最初这些发展阶段会形成一个脆弱的形式，但是它们会从母亲的自我中得到强化，因此在早期阶段会有一定的强度。这归功于这样的事实，即母亲适应婴儿的需要。我曾经认为，适应需要不仅仅是对本能需求的满足，而且首先与抱持和握持（handling）有关。

在健康的发展过程中，儿童逐渐地变得自主，在较高的自我适应性支持下，能够对自己负责。当然，这里也会有脆弱感。在受到恶劣环境的挫败后，个体失去新的保持独立完整性的能力。

我所指的"我是"阶段十分接近于梅兰妮·克莱恩（Klein，1934）有关抑郁位的概念。在这个阶段，儿童会说："我在这，在我里面的是我，在我外面的不是我。"里面和外面在这里同时指精神和躯体，因为我认为一种满意的心身关系自然也是一种健康的发展状态。关于心灵，还是要分开地去考虑，特别是当它变得与心身分离的时候（Winnicott，1949）。

对于已经能够对内在心理现实形成人格组织的男孩或女孩来说，这种内在现实会持续和外在的或共享的现实事件相调和。一种新的关于客体关系的能力会发展起来，也就是说，这是基于一种外在现实和内在心理现实事件的相互变化。这种能力反映在儿童使用象征物和创造性的游戏中，以及反映在儿童逐步运用文化潜能的能力上，而且就如我一直强调的那样，只要当时的社会环境允许，儿童就可以运用这种潜能（见第7章）。

现在让我们来考察一下在这个阶段十分重要的新发展，也就是基于内射和投射机制交互关系的建立。这一点与情感的联系更紧密，而不是本能。虽然这些观点根植于弗洛伊德的理论，但是我们的关注点还是取自于梅兰妮·克莱恩，她有效地区分了投射性认同和内射性认同，并强调了这些机制的重要性（Klein，1932，1957）。

案例：一个40岁的女人，未婚

我希望通过分析的细节来阐述在实践中这些机制的重要性。

关于这位女性患者，只需要提到她生活的困窘来自于她没有能力"站在别人的立场上思考问题"。她或者是孤立的，或者尝试着在本能的支配下试探性地建立客体关系。有很多复杂的原因造成了这个患者特殊的困境，但是可以说，她生活在一个时刻被她扭曲的世界中，因为她没有能力理解其他人的感受。基于此，她也没有能力感受到别人认为她是什么样子，以及她的感受是什么样子。

可以这样来理解这个患者，她能胜任自己的工作，偶尔十分抑郁，以至于要自杀。这种情况是一种防御，而并非完全是一个原始的来自婴儿期的能力缺失。正如在精神分析中经常发生的，我们必须研究患者高度复杂的防御组织的使用机制，以便了解他们生命中最开始时的状况。这个患者对一些人，比如世界上被压迫人民，具有敏锐的共情能力和同情心。这当然包括所有被其他人群以欺侮的方式对待的人，以及女性同胞。她深深地认为女性是被压迫和羞辱的人群，属于第三阶层。（这样，男人代表了她分裂开来的男性元素，所以在现实中她不会让男人进入她的生活中。这种把其他性别的元素分裂开来的现象是很有意义的，但是这一问题不是本章主要要讨论的，所以存而不论；详细的论述见第 5 章）。

在我报告这个患者开始认识到她缺少投射性认同的前几个星期，这个患者表现出一些迹象。她有几次断言表现出相当有攻击性，好像期待着别人的反驳。她认为没有必要对任何死去的人感到悲伤。"如果他们还对死人有什么挂念，你应该对这些活下来的人感到难过,死者既已死,所有的都结束了。"这非常有逻辑,对她来说没有什么可以超越逻辑。这样的态度使这个患者的朋友们感到在她的人格中有什么东西缺失了,感觉她是不可接触的,以至于我的这个患者交往的圈子很小。

这里我描述一下这个患者所报告的一个她尊敬的男人去世的事情。她认为她也是指分析师(即我自己)可能的死亡,以及她失去了我的某些特殊部分,这些部分也是她仍然需要的。几乎可以感觉到,她内心很明了,希望分析师完全仅因为她自己对其的需要而活着,这样有些冷漠无情(参考Blake,1968)。

有一段时间我的患者说她想不停地哭下去,并且不为什么。我向她指出,也就是说,她的意思是她不可能好好地痛哭一场。她以这样的话回答道:"我不能在这里哭,治疗是全部,我不能浪费时间。"然后她停下来说:"所有说的事情都是废话!"说完开始抽泣。

这里是一个阶段的结束,然后她开始告诉我她记下来的梦。

在她所在的学校里,她教的一个小学生(男孩)决定离校去找份工作。她说,这让她感到很伤感,好像是丧失了一个孩子。就是在分析的最后一两年里,投射认同变成了非常重要的心理机制。她教的学生,特别是有天分的学生,代表着她自己,他们的成就就是她自己的,如果他们离开学校,那就是一场灾难。对于那些代表她自己的学生，特别是男孩，如果没有得到同情，这会让她感觉到她自己受到了侮辱。

这里发展起来的区域使投射性认同变得可能，尽管在临床上，可以认为这是一种病理性的冲动，但是从孩子对一个老师的需要上来说是有价值的。重要的是，这些学生对她来说不是第三阶层的人群，尽管他们看起来在她所认为的第三阶层的位置上。根据患者对学校的描述，有很多老师看上去表现出很鄙视这些学生。

在漫长的分析中，这是我第一次可以用它来指出患者投射性认同的事实。当然，我没有使用技术性术语。在梦中出现的那个男孩有可能离开学校去找份工作而放弃学业。我的患者（他的老师）依然可以接受他，因为在男孩这里她发现了自己的某些东西。这些东西事实上是她分裂出去的男性元素（不过，我也已经提到，这些重要的细节不属于上面案例的报告范围）。

患者现在能够讨论交互认同了，可以重新审视过去治疗中的特定体验。如果不知道她缺乏投射或内射性认同能力，会认为患者在过去的治疗中显得相当冷酷。事实上，她在另一个患者面前表现出病得更重，并且要求得到对方全部的关注[5]（正如她所说，现在她可以从一个新的角度来审视自己）。在这一点上，她使用了一个十分有意义的单词——"疏

---

[5] 在分析精神神经症的术语中，患者的表现会被认为是无意识的施虐行为，但是这种说法在这里没有什么可取之处。

远"——来描述因缺少交互认同而经常体验到的一种感受。而且她能够进一步说，她对朋友（代表了兄弟姐妹）有很多嫉妒，她将自己病态的自我放在了他们身上，嫉妒他们建立在交互认同基础上的良好的生活和交往能力。

然后我的患者描述了一次监考的经历，考试中她考查她的一个男学生的艺术课能力。那个男生画了一幅十分奇妙的画，然后又将它涂掉了。我的患者当时觉着看得很难受，而且她知道她的一些同事在某个时候有所干预，而这种行为是不符合考试规定的。看着一幅好的作品被强行中止，而自己却没有办法去挽救，这严重损害了她的自恋。她如此强烈地用这个男孩来表达她自己的体验，尽最大的努力站在那个男孩的角度去感受那幅被中止的画存在的价值。那个男孩也许是没有勇气继续画好那幅画并受到表扬，或者也许是为了通过考试而必须迎合监考官的要求，但这违背了他真实的自我。可能他必须失败。

这里我们可以看到其中可能根植于她自己是一位坏监考者的心理机制，但是也可以看到她对在男孩身上发现的冲突的反思，男孩代表了她自己的一部分，特别是她身上男性或执行者的心理成分。很特别的一点是，我的患者能够在没有任何分析师的帮助下认识到，那些小孩并不是为她的利益而存在的，尽管她感觉他们恰恰就是那样做的。她觉得有时她只有通过将自己的一些东西投射在那些孩子身上，才又重新活过来。

我们可以通过患者身上发生的机制，以克莱恩学派的术语来理解患者的话语，它暗示着患者把自己的东西强制性地放在其他人身上，或是一个动物，或是分析师的内部。这对于处在抑郁状态的患者来说再合适不过了，患者却不能体验到抑郁的情绪，因为他们将抑郁性幻想的东西投射到了分析师身上。

患者的另一个梦是一个小孩慢慢地被一个化学家毒害。这与患者依赖药物治疗有关，尽管药物依赖不是这个案例的主要特征。她确实需要药物来帮助她入睡，就像她说的那样，尽管她憎恨药物而且尽量避免用药，但是如果她无法入睡而不得不在缺乏睡眠的状态下进行白天的生活，那将更让人烦恼。

接下来的材料延续了这样的主题，即在这个很长的治疗中以另外一种新的方式出现的一个特别小节。在后续的联想中，患者引用了杰拉德·曼利·霍普金斯（Gerard Manley Hopkins）的诗歌：

我温柔地下落
在墙头的沙漏
飞快，如流水般掠过
争相涌出
我似泉源之水，向往平静，向往宽阔
身不由己，沿河床奔流……

其中隐含的意思是她完全处于诸如重力、流水等的支配下，不能控制任何东西。当分析师决定治疗的时间和一次治疗的长度时，她经常有这种受支配的感觉。我们可以看到有关缺少交互认同的生活观点，这意味着分析师（或上帝，或命运）不能通过投射性认同的方式提供任何东西，即理解患者的需要。

从这里开始，我的患者继续讲述另外一些十分重要的事件，这些事件和交互认同没有太大的关系，但显示了她在内心的女性自我和她分裂出去的男性元素之间难以平息的挣扎。

她描述自己被关在一间牢房里，门锁了起来，她完全失去了对事物的控制，就像沙漏里的沙一样。现在变得越来越清楚了，她发展了对分裂的男性元素的投射性认同技术，她将自己的一部分投射到小学生或其他人身上，并在这些人那里获得了替身式的体验。然而与此同时，患者明显缺乏对她的女性自我投射性认同的能力。这个患者在将自己看作是一个女人方面没有障碍，但是她知道或已经知道女人是属于"第三阶层的公民"，而且她早已知道自己对此无能为力。

她现在可以感受到，在她的女性自我和男性元素之间的分离所造成的两难境地。这同时也引发了一种对她父母的新的看法，她看到了他们作为夫妻和作为父母的一种温暖和忠实的关系。在一个修复美好回忆的巅峰时刻，患者多次用她母亲的围巾来触摸自己的脸庞。这给患者带来了与母亲融合的想象，至少在理论上，患者与原始的状态连接，这种原始的状态出现在主体和客体分离之前，或者在对客体的客观感觉建立起来和真正分离或外化之前。

在这次治疗中，几个记忆促进了治疗的发展。在记忆中的一个好的环境里,她是一个生病的人。这个患者总是在开发,也需要去开发那些有显著原因的不幸的环境因素。患者经常说,当她还在孩提时,看见她的父母互相吻对方的场景,她感觉很释怀。她现在用一种新的和更深刻的方式来体会上述场景的意义,她相信在行为的背后有真挚的情感存在。

在这次治疗中,我们可以看见投射性认同能力的发展过程,这种新的能力给患者带来了她在生活中无法获得的一种新的人际关系。由此患者会重新认识到,这种相关能力的缺失意味着她和世界以及世界和她之间关系的贫乏,特别是相互交流的模式。需要进一步强调的是,伴随着共情能力的发展,在移情中将出现新的无情和冷酷,以及对分析师巨大的能力要求。患者的假设是,分析师现在作为一种外化或分离的现象,会照顾他自己。患者会认为分析师应该很高兴她能够变得贪婪,这种贪婪是一种和爱同等重要的情感。这样,分析师的功能被保留了下来。

现在患者有了一种改变。在两个星期的治疗中,她甚至开始说她有些对不起她的母亲(已故),因为她不能再戴母亲留给她的项链。我的患者可能没有意识到,就在最近,她基于一种冷酷的逻辑声称,一个人不会觉得对不起一个死去的人。现在她可以在想象中生活下去,或者想佩戴着项链生活下去,以便给予她死去的母亲一些生命,尽管是很少的和间接性的。

治疗过程中变化之间的联系

这里有个疑问，患者能力的变化是怎样发生的？答案肯定不是在对患者心理机制的直接解释中发生的。尽管在我所给的临床材料中有这样的事实，即我的确做了一种直接的口头参考。依我看，当我给予自己这种奢侈时，我已经在做解释了。

这个案例持续了很长时间，在我的同事那里进行了几年，在我这里也有 3 年时间。

建议分析师合理地使用投射的机制，这可能是通往精神分析工作最重要的途径，然后逐渐地变成内射。但并非都如此，这也不是最基本的东西。

在这个案例以及其他相似的案例中，我发现患者需要有退行的阶段，并依赖于移情。这种全面地去适应需求的体验事实上基于分析师（母亲）有认同患者（她的孩子）的能力。在这种体验的过程中，有大量与分析师（母亲）的有效融合，以便患者生活下去以及和他人产生关联，而不需要投射和内射性认同的机制。当客体从主体中分离出去的时候，痛苦随即而来，分析师被分离出去，被放在患者的全能性控制范围之外。在患者变化后伴随的毁灭中，如果分析师存活下来，将会促使新的东西发生，这就是患者开始使用分析师，即一种基于交互认同的新关系的开始（见第 6 章）。这个时候，患者开始能够想象站在分析师的角度思考问题，（与此同时）分析师站在患者的角度（即患者脚踏实地的感受）看问题是有益的。

最有利的结果是随着分析的继续，在移情中治疗有实质性的发展。

精神分析使用了大量的方法，将注意力放在处理和升华本能上。值得注意的是，与客体关系相关的重要机制中没有驱力决定性的因素。我曾经强调过，游戏治疗中的基本成分也没有驱力决定性的因素。我也给出过例子来阐述依赖中的利用和适应现象之间的相互联系，这在孩童时期和父母时期都是一个自然的事情。我也指出过，我们的生活是基于交互认同的相互关系的。

现在我希望讲讲"关系"，特别是包括了父母处理青少年叛逆时期的人际关系。

当代的青少年发展观念及其对高等教育的启示[1]

初步观察

讨论这个庞大的主题与我的特殊经历有关。我将给出的评论难免会有精神分析的味道。作为心理治疗师,我发现自己会很自然地思考以下问题:

这个人的情感发展;
母亲和父母的角色;
家庭在满足童年需要方面的自然发展;
学校和其他一些组织作为家庭的延伸,以及将个人从家庭的固有模式中解脱出来;
家庭在青少年的需求方面所扮演的特殊角色;
青少年的不成熟;

---

[1] 1968年7月18日在莱茵河新城堡市第21届英国学生健康协会年会中专题讨论会的一部分。

青少年在生活中逐渐达到成熟；

在没有失去个体自发性的前提下，个体对社会组织和社会的认同；

社会结构，社会作为一个集体名词，它是由成熟或者不成熟的个体单元组成的；

政治、经济、哲学和文化的抽象化是通过自然发展过程累积的；

世界是由几十亿个个体模式叠加组成的，一个叠加在另一个上面。

成长过程千变万化，这是每一个人与生俱来的。

在这里，我们想当然地假设一个足够好的促进性环境，因为这是个体成长和发展的初期阶段必不可少的。基因决定了人类生长和成熟的遗传倾向和模式，但是人类的情感发展却和足够好的环境密切相关。我并没有提到"完美"这个词，因为机器才会完美，而不完美是促进性环境中人类适应需求的一个重要特点。

个体依赖是所有这些的基础，在开始的时候，这种依赖几乎是绝对的依赖，随着个体的逐渐成长，这种依赖逐渐从相对依赖朝着独立的方向发展。独立不是绝对的，实际上一个看起来自主的个体是不会完全从环境中独立的，尽管成熟的个体会感到自由和独立，并且会尽可能地寻求快乐和个人认同。通过交互认同的方式，我和非我之间的清晰界限变得模糊不清。

个人的成长历程看似有集体性却又变化万千，它就像锅炉中一直沸腾的水面一样，我所做的就是将人类社会百科全书中的这一部分列举出来。我在这里讨论的内容必然会受到篇幅的限制，并且这些内容必须放在人性的大背景下讨论。所谓人性，我们可以用不同的方式来看待，可以从望远镜这一头看过去，也可以从那一头看过来。

生病还是健康？

当我不再泛泛而谈而进入具体主题时，我必须有所取舍。例如，这里有关于个人精神疾病的主题。社会包括了它所有的个体成员。那些心理健康的社会成员构建和维持着社会的结构，并且使社会持续发展。尽管如此，社会中也必须包括那些生病的人——例如，社会包括：

> 不成熟的人（年龄上的不成熟）；
> 心理变态者（剥夺的最后产物——在有希望的时候，那些必须使社会承认他们是被剥夺的人，无论是否有一个好的或者充满爱的客体，或者一个满意的结构去依赖，从而在自发的活动中去承担张力）；
> 神经症患者（被无意识动机和冲突折磨的人）；
> 有情绪问题者（在自杀和其他状态之间转换，包括有很高成就和贡献的状态）
> 分裂性的人（这些人一生都必须要面对这样的任务，即建立一个有认同感和现实感的自己）；
> 精神分裂症患者［至少在疾病阶段不能感受现实，在有

人料理的情况下可能（最好的状态下）可以完成基本生活〕

写到这里，我需要加上一类人群——偏执狂，他们被系统的思想主宰着——他们是一类自视权威和揽责任上身的人。这个体系必须时刻试图解释一切事物，否则就是（即个人的病态方式）处于思想的急性混乱状态，使世界变得无法预测。

无论用怎样的方式来描述精神疾病，总是会有相互交叠的地方，因为人们不可能根据精神疾病的种类来生病。因此，内科和外科医生也就很难理解精神医学。他们会说："你得了（某种）病，而我们有治愈的方法（或者在一两年内会有）。"但是没有这样的精神疾病标签，至少没有所谓"正常"或者"健康"的标签。

我们可以去看社会病态的部分，社会中的患病成员如何以这样或那样的方式迫使大家去关注，患病人群又是如何从影响个人到影响整个社会；又或者，我们也可以去观察家庭和社会单元是怎样产生心理健康的个体，除非这个社会单元本身就是一直都扭曲的，而把健康的个体变得一无是处。

我并没有选择用这样的方式去看待社会。我选择用健康的方式来看待社会，也就是说，选择社会里所有精神健康的成员，从这些个体的成长和他们保持青春的角度来观察社会，即使我知道有时社会中不正常的精神疾病患者比例太高，以至于即便综合所有的健康人群，也不能带动他们。那时，社会本身就成了一个精神创伤体。

因此，我倾向于把社会看成是由精神病性的健康人群组成的。即使是这样，社会中也存在着很多问题！真的是很多！

需要强调的是我还没有使用"正常"这个词。这个词太容易被泛化。但是我的确相信精神健康这个事实，这就意味着我可以名正言顺地研究社会（就如同别人做的一样），将它看成是个体朝向自我实现的方向成长的总和进行论述。基本原理就是，如果没有个体对社会结构的建立、维持以及持续不断的重建，就没有社会，没有社会就没有个人的成长，同时，个体成长的总和也构成了社会。我们必须停止寻找世界公民，而是把眼光放在其社会单元超越了地域、超越了民族、超越了宗教信仰的个人身上。实质上，我们必须接受一个事实，即精神健康者的健康和自我实现有赖于他们对限定的社会群体的忠诚，这个社会群体或许只是一个保龄球俱乐部。为什么不这样呢？也许正是因为我们到处寻找 Gilbert Murray，才会落得如此悲观。

主要论点

说到我的观点，必须提到过去的 50 年来发生的巨大变化，这一点与足够好的母亲的重要性绝对有关。当然这里也包括父亲，但是在这里请允许我用"母亲"这个词来形容对待婴儿和照顾婴儿的态度。父亲会在母亲的后面出现，作为男性的父亲，其作用会逐渐变得突出。紧接着的是家庭，它的基本单元是父亲和母亲，他们会共同承担养育这个家庭的新成员——婴儿的责任。

让我们一起来看看母亲的职责。我们现在知道了一个婴儿是怎样被抱持和扶持的，这的确很重要，即是谁在照顾婴儿，是母亲，还是另有他人。在我关于孩童照料的理论中，持续的照料是促进性环境这个概念中的一个中心要素。我们看到通过这样一个持续的环境供给，也仅仅是因为有了这样一种环境，依赖中的婴儿才会在他或她的生活中有一种持续感，而不是对每一件不可预料的事情进行反应，并永远在重新开始的适应中（参见 Milner，1934）。

我在这里要提到 Bowlby 的研究（1969）：如果母亲离开的时间超出了孩子保存母亲形象的时间，2 岁大的孩子对母亲离开（即使是临时的）的反应通常是会去接受，尽管这还需要进一步的落实；但是这涉及整个照料的连续性和追溯回婴儿生命初期的主题，生命的初期指在孩子能够区分母亲是一个独立的个体之前。

另外一个新的特征是：作为一个儿童精神病学家，我们不仅仅关注孩子们的健康。我希望这是精神科领域的一个普遍规则。我们会关注健康给孩子带来的幸福感，同时我们也要关注心理问题给孩子带来的不幸，即使孩子存在趋向成熟的遗传基因。

我们现在不光以恐惧的态度看待贫穷和贫困的环境，也用一种开放的眼光来看待这个问题，一个贫困家庭可能可以给婴儿提供一个更安全、更"好"的促进性环境，其反而会比住在大房子里的、不会遭受生活中常见困苦[②]的家庭给婴儿提供的成长环境要好。另外，一个十分有价值的发现是，具有不同风俗的社会群体会有本质的不同。就襁褓来说，我们知道在英国的

[②] 拥挤、饥饿、虫咬、躯体疾病和灾难的不断威胁，以及仁慈社会所公布的法律导致的灾难。

社会中，大家对允许襁褓中的婴儿去摸索和踢脚是普遍持反对态度的。在当地，人们对婴儿的抚慰、拇指吸吮以及自我性欲练习的态度是怎样的呢？对于人类早期生活中的自然的无节制，及其与节制力之间的联系，人们的反应是怎样的呢？诸如此类的问题等。Truby King 的时代仍然沿用这样的程序，即成年人希望给予他们的孩子发现个人道德的权利，我们可以将之看成是针对教条化而做出的随意性的极端反应。可能结果是，美国的白人和黑人喂养小孩的区别不在于皮肤颜色，而在于喂养方式。我相信，不计其数的用奶瓶喂养婴儿的白人却很羡慕用乳房喂养婴儿的黑人。

我一直在关注潜意识的动机，但它还不是一个十分流行的观点。我所需要的资料也不是从表格问卷中得来的。我们不可能像研究豚鼠那样去研究人类，因为计算机不可能被设定为具有与人类一样的潜意识动机。正是因为如此，那些从事精神分析的人才需要大声呼吁，被人类的计算机调查定义为精神病态的表面现象并不都意味着是病态的。

更多的迷惑

有另一种造成迷惑的来源，即有人会肤浅地假设，只要父母把小孩养好，就不会有麻烦。远不止如此！这里的观点和我的主要论点密切相关。我要说明的是，当我们看青春期阶段，即婴儿或者孩童照料的成功与失败都告一段落的时期，当代人青春期问题的成因有一些来自于现代抚养方法和现代对个人权利的态度的积极因素。

如果你在尽可能地为后代的成长做些事情，你就需要学会去面对那些令你惊讶的结果。你的孩子只有在发现了他们自己以后才会得到满足，在这个过程中，他们会有攻击、破坏以及爱。这是需要你熬过去的一个长期的斗争过程。

如果幸运的话，你的有些孩子会在你的帮助下开始使用象征的，开始游戏，开始做梦，开始用创造性的方式满足自己，但是即使如此，这条道路上也是充满荆棘的。在任何时刻你都有可能犯错，而这种错误会被看成和感受为灾难性的。即使你不需要对这个错误负责，你的孩子也会尽力让你感到你对他（她）所遭受的这个挫折是有责任的。你的孩子会说：谁让你把我生出来。

你的回报会是你孩子的个人潜能逐渐显现出来的丰富性。如果你成功了，那么你可能会嫉妒你的孩子，他（她）将获得比你更好的个人发展机会。如果有一天你的女儿请你去照看她的婴儿，这说明她对你的照顾能力感到满意；或者你的儿子在很多方面希望像你一样，他也可能会爱上一个你年轻时也会十分欣赏的女孩，这时你会觉得得到了回报。这些是间接的回报。当然，你知道你不会得到他们的感激。

青春期中的死亡和谋杀[3]

现在，我重新讨论家庭中的孩子处于青春期发育或阵痛期的

---

[3]曾经以 Adolescent Process and the Need for Personal Confrontation 为题在《儿科学》(*Pediatrics*) 杂志第 44 卷第 5 期第 1 部分发表（1969）。

问题，来谈谈它们对父母任务的影响。

尽管在最近十年中出版了大量关于个人和社会问题的书籍，青少年可以自由地表达他们自己，但是对于青春期幻想的内容，还是可以作进一步的讨论。

处于青春期的少男少女们带着尴尬和犹豫从童年期的依赖中走出来，摸索着向成人化前行。成长的过程不仅仅是继承，还是一个与促进性环境高度关联的复杂过程。如果家庭仍然被使用，那么它将被最大化地使用；如果家庭不再能够被使用，或者被放置一旁（负面使用），那么青春期就必须在小的社会单元中继续发展。在人类早期的发展阶段（即婴儿和蹒跚学步的阶段）中出现的问题同样也会在青春期隐约浮现。值得提醒一下的是，即使你在早期阶段做得很好，现在也做得很好，你也不能以为一切会顺利度过。实际上此刻你完全可以预料问题将出现。在后面的发展阶段，有些问题总会出现。

比较青春期和孩童期的观点是有价值的。如果在早期发展中存在对死亡的幻想，那么在青春期时就存在对谋杀的幻想。青春期的成长就意味着对父母位置的替代，即使在这个时期的开始并没有出现棘手的问题，但是仍然会有许多突然出现的问题等着父母去处理。真的是这样。在孩子的潜意识幻想中，成长注定是一个攻击性的行为。而孩子在这个时候已经不再是小孩子。

让我们来看看游戏"我是城堡中的国王"，我相信这是合理的，同样也是有用的。这个游戏属于孩子们中的男性元素。（这里也可以从孩子们游戏中的女性元素做出说明，但是在这里我没有这样做。）这个游戏开始于潜伏期早期，但在青春期它变成了生活现实。

"我是城堡中的国王"讲述的是个人的存在。它是个人情感成长中的一个成就。其内容是让所有的竞争者死去，并且建立自己的领地。这种攻击在下面的言语中被表达出来："你是个肮脏的匪徒"（或者是"跪下吧，你这个肮脏的匪徒"）。将竞争者这样命名之后，你就知道你在哪里了。很快，肮脏的匪徒将国王击败从而成为国王。Opies 等（1951）记下了这个旋律。他们认为这个游戏有着相当古老的历史，并且贺拉斯（Horace，20BC）曾经写下了孩子们的话：

> 成者为王；
> 败者为寇。

我们不需要认为人性改变了。我们需要做的是在短暂中寻找永恒。我们需要将这个孩童的游戏翻译成青少年和社会关于潜意识动机的语言。如果一个孩子要变成成人，那么这种成功的转变是在一个成人死亡的基础上完成的。（我想读者会知道这里指的是孩子的潜意识幻想，在游戏背后的内容。）当然我也知道，这个时期的少男少女们会选择与现实中的父母相一致的方式来度过，而不必明显地在家里反叛。但你要知道，反叛是你的孩子在被你养育的过程中获得独自存在权利的一种方式，也是你给予他（她）的自由。有句俗语说："你生了孩子就等于自掘坟墓。"实际上这是个事实，但是我们可以不这样去看待它。

在整个青少年期和青春期的潜意识幻想中,都存在着这样一种感受,即觉得某人会死去。这种感受很大部分在游戏中、在置换中以及在交互认同的基础上被演绎并处理;但是在青少年的心理治疗中,(站在治疗师的角度)死亡和个人的胜利是他们在成熟和成人化的道路上所必经的。这对于父母和监护人来说是非常困难的。而对于青少年来说,他们自己对于要通过"谋杀"和胜利来达到成熟这个至关重要的阶段也是充满惶恐的。这种潜意识的感受可能会转化为自杀的冲动,或者是真正的自杀。父母会无能为力;他们能够做的就是存活下去,完整地存活下去,保持着以前的基调,不放弃任何重要的原则。但这并不意味着他们不能自己成长。

有相当比例的青少年会受到重创,或会达到性的成熟,并且会结婚,他们会成为父母,变得和他们的父母一样。这些可能会发生。但在这些背后发生的却是生与死的斗争。如果这个过程太过容易,没有刀光剑影,那么就会失去这个过程的丰富含义。

我讲的要点是青春期中不成熟的棘手之处。成熟的成人一定知道这点,也一定比过去任何时候都相信他们自己的成熟。

要准确无误地把这些讲清楚是十分困难的,很容易看上去我是在贬低性地谈论不成熟,但事实不是这样的。

任何年龄的小孩(比如6岁)在父母突然去世,或者家庭破碎的情况下,都会突然变得需要有责任感。这样的小孩会早熟,并且丧失掉自发性以及游戏和随意创造的冲动。青少年会更经常遇到这样的状况,他们会突然发现自己有选举权或对学校的经营负有责任。当然，如果环境改变了（例如大人生病或者死亡，以及经济困难的时候），那么在他们成熟之前就不得不去承担责任；或许还有更小的孩子需要被照顾和受教育，那是需要经济支持的。然而，这与父母以成长训练之名刻意交付给孩子责任的情况不同；事实上，这样去做会使孩子在最关键的时刻对你失望。在游戏中，或者在生活的游戏中，只有在他们将要来"杀"你的时刻，你才能放弃自己的位置。有人会高兴吗？当然不是现在变成了当权者的青少年。他们丧失的是所有的想象性活动和为成熟而做的斗争。反叛不再有意义，那些过早胜利的青少年实际上掉入了一个自己的陷阱，即必须要成为一个独裁者，必须要站起来等待着被杀——不是被自己的下一代子女杀死，而是被兄弟姐妹杀死。很自然地，他（她）会设法控制他们。

社会在很多时候都忽视了这种潜意识动机的危险性。心理治疗师日常工作中的一小部分材料的确可以被社会学家和政治家使用，同样也可以被普通的成年人使用——也就是说，成年人即使不总在他们自己的私生活中成熟，也会在他们有限的影响领域里成熟。

我要说的是（用简练但是有些武断的方式），青少年是不成熟的。不成熟是青少年健康的一个必要元素。只有在时间中成长，这种不成熟才会向着成熟转化。

不成熟是青少年成长中宝贵的部分。这里包含了最激动人心的创造性思维、新鲜的感受以及对新生活的想象。社会需要被这些还没有责任的人的抱负所撼动。如果成年人过早地让出自己的位置，孩子会变得早熟，会进入一个错误的过程，即成人化。因此，我对社会的忠告是：为青少年考虑，也鉴于他们的不成熟，不要使他们加速成长，将还不属于他们的责任交付于他们，使他们获得一个虚假的成熟，即使他们可能自己也在争取这种成熟。

因为成年人不轻易让位，我们可以想象，青少年为了找寻自己、为了决定自己的命运而进行的斗争是件多么壮观的事情。青少年对理想社会的想法是激进和令人兴奋的，但是青春期的特点就在于他们的不成熟和不负责任。这一点是它神圣的元素，但只会持续几年，它是个体最终达到成熟所必须要丢弃的东西。

我不断地提醒自己：一个社会应该像青少年一样，经常处在充满刺激与挑战的状态里，而不是像那些青春期的男孩或女孩们一样，在几年以后都会变成成人，仓促地遵循某种社会规则。这些新生的婴儿、儿童和青少年也许可以有自己对世界的看法、梦想和计划。

最终的胜利是通过成长的步骤达到成熟。但是成功不是建立在灵巧地扮演成人的角色而达到假成熟的基础上的，那注定会带来可怕的结果。

不成熟的本质

我们有必要去看看不成熟的本质。要知道，青少年是不知道自己的不成熟的，他们也不知道不成熟的特点是什么。我们也不必完全明白。重要的是要有人面对青少年的挑战。但是，要由谁来面对呢？

我承认我谈论这个题目实际上是对这个题目的一种曲解。我们越是轻易地语言化，就越是失去其效用性。想象一下，有个人用"你的不成熟真是令人高兴"这样的话来说服一个青少年，这是一个应对青少年挑战的失败的例子。或许"面对挑战"这个词更加明智，因为这意味着对质替代了理解。"对质"的意思是指，长大的人能够坚持并且声明个人的观点和权利，其身后或许有其他长大的人的支持。

青少年的潜质

让我们来看看青少年有哪些没有完成的部分。

即使在健康的孩子中，变化也会在青春期的不同年龄段发生。男孩和女孩只能静待着这个变化的来临。等待让一切处于一定程度的张力之下，尤其是在发展较晚的孩子中；发展较晚的孩子会效仿那些发展得早的孩子，这会导致一种建立在认同基础上的假的成熟，因为这种成熟不是一个自然的成长过程。在任何例子中，性征的改变都不是唯一的变化。身体也会成长并且获得力量；因此，真正的危险来自于对暴力的重新定义。与力量增强一道而来的是狡猾，以及懂得如何去做。

只有经过时间和生活的磨砺，青少年才能够逐渐接受他们对幻想世界中发生的一切所负的责任。在这个过程中会有明显的以自杀为表现的攻击倾向；如果不是这样，这种攻击倾向也会转化为一种寻找迫害，这是尝试着摆脱被迫害幻想的行为。这种迫害感是一种幻想性期待，孩子通过这种方式试图去摆脱疯狂和错觉。一个有牢固的错觉系统的精神病性的孩子，会在迫害感的基础上发展出一系列有组织的精神病性想法，并导致迫害妄想发作。一旦一个被迫害的立场过于简单地形成，理性的思考就再也无法动摇它。

但是最困难的莫过于，潜意识幻想当中的性和与性对象选择有关的竞争所带给个体的张力感。

青少年，或者是那些正处于成长期的男孩和女孩，他们还不能为这个世界上的谋杀和被杀以及残酷和挫折担负责任。这就挽救了个体，使其不必在这个阶段就为应对那些潜在的攻击性而做出激烈的反应，即自杀（对所有的邪恶以及邪念负责任的病态方式）。青少年的这种潜在的愧疚感十分强大，个体会花很长时间在好和坏之间，以及伴随着爱的恨和毁灭之间，找到自身的平衡。在这种情况下，成熟属于将来，很难期待青少年可以预见到下一个阶段（也就是 20 岁年龄段的早期）的事情。

我们常常会想当然地觉得，就像谚语"偷尝禁果"所形容的那样，那些完成了性交（或已经怀孕了一两次）的孩子已经达到性成熟。但是他们自己会知道不是那样的，并且他们会开始轻视关于性的问题。实际情况没那么简单。性成熟包括了所有对性的无意识幻想，而且个体需要最终能接纳所有脑海中关于客体选择、客体恒定、性满足以及性交融合的内容。而且，这些潜意识幻想会同时伴随着恰当的内疚感。

建构，修复，还原

青少年仍然不知道，参与一个具有一定程度被依赖性质的工作将获得怎样的满足感。青少年不可能知道这种工作的全部意义,即因为它的社会性贡献,减轻了人们的内疚感(在潜意识攻击冲动的驱使下产生,常常与客体联系和爱有关),因此也有助于减轻内心恐惧,以及减少自杀冲动或事故发生。

理想主义

对于青春期的男孩和女孩而言,理想主义是件令人兴奋的事。他们还没有从幻想中安定下来,因此他们可以自由规划理想的计划。例如,艺术生认为艺术能够被很好地教授,因此他们会吵闹着让老师好好教课。为什么不呢?他们没有考虑到的事实是,只有很少人能够把艺术教好。或者是学生看到物质条件很糟糕并有待提高,因此他们会大叫。其他人会发现金钱的作用,他们会说:"好的,那就放弃国防规划项目,把钱用来修建新的校区吧!"对于青少年而言,不需要有远见,而这会在他们经历了几十年的成长之后,才能被自然地意识到。

所有这些被极其荒诞地简化了。它省略了最重要的友谊。它省略了对那些一辈子不结婚和很迟才结婚的人进行解释。它没有考虑到那些双性恋者的一些重大问题,即在表面上他们解决了问题,但实际上就异性恋的客体选择和客体恒定问题而言,并没有得到完全解决。而且,许多与创造性游戏相关的理论被想当然了。此外,这里还存在着文化继承的问题;对青少年而言,不能期待这些少男少女们会自然地领悟到人类文化继承的意义,他们需要努力去获取这些知识。当这些曾经的青少年到了60岁的时候,他们才会追悔当年逝去的时光,气喘吁吁地去追寻人类文明中的财富以及这些财富的副产物。

主要的问题是，青春期不止是身体的成长，还包括在身体成长基础上的许多其他问题。青春期意味着成长，而成长是需要时间的。孩子处于成长期的时候，抚养者必须承担起责任。如果父母过早地让位，那么孩子会早熟，并且丧失掉他们最大的财富：遵从无意识冲动和想象的自由。

总结

简单地说，青春期的躁动使青少年变得有声有色，但是青春期的挣扎需要得到当今全世界的关注，并且青少年需要通过对质来获得现实感。对质必须是针对个人的。如果青少年要有活力地生活，则成年人需要在一旁。这种对质是接纳性的，而不是报复性和惩罚性的，并且有它自己的力量。在这个年龄段的学生是躁动不安的，如果我们回想一下，就会发现他们表达自己的方式正是我们引以为豪地照顾婴儿或者儿童的过程中我们的态度所带来的。应该让年轻人去改变社会，并且教会成年人用全新的眼光来看待这个社会；但是，每当少男少女们发出挑战的时候，应该让成年人迎接这些挑战。这个过程不一定是美好的。

这就是潜意识幻想中生存和死亡的问题。

尾　声

　　我认为在人类能够客观地感知外部事物之前存在着一个发展阶段。在这个理论上的初期阶段，婴儿可以说是生活在一个自己主观构想的世界里。从这个原始的状态发展到一个客观感知外部世界的阶段，这对于婴儿而言不仅仅是一个继承以及在继承中成长的问题，还需要一个适于发展的最小化环境。这个问题涉及整个人类从依赖到独立的发展过程。

　　这个由主观到客观的发展过程提供了大量可供研究的材料。我假定了一个基本的矛盾，一个我们还不太明了但必须接受的矛盾。这个矛盾是这个理论的核心，在每一个婴儿被照顾的过程中都需要去接受这个矛盾。

参考文献

ALLEY, RONALD (1964). *Francis Bacon: Catalogue Raisonné and Documentation*. London: Thames & Hudson.

AXLINE, VIRGINIA MAE (1947). *Play Therapy: The Inner Dynamics of Childhood*. Boston, Mass.: Houghton Mifflin.

BALINT, MICHAEL (1968). *The Basic Fault: Therapeutic Aspects of Regression*. London: Tavistock Publications.

BETTELHEIM, BRUNO (1960). *The Informed Heart: Autonomy in a Mass Age*. New York: Free Press; London: Thames & Hudson, 1961.

BLAKE, YVONNE (1968). Psychotherapy with the more Disturbed Patient. *Brit. J. Med. Psychol.*, **41**.

BOWLBY, JOHN (1969). *Attachment and Loss*. Volume 1, *Attachment*. London: Hogarth Press and the Institute of Psychoanalysis; New York: Basic Books.

DONNE, JOHN (1962). *Complete Poetry and Selected Prose*. Edited by J. Hayward. London: Nonesuch Press.

ERIKSON, ERIK (1956). The Problem of Ego Identity. *J. Amer. Psychoanal. Assn.*, **4**.

FAIRBAIRN, W. R. D. (1941). A Revised Psychopathology of the Psychoses and Psychoneuroses. *Int. J. Psycho-Anal.*, **22**.

'FIELD, JOANNA' (M. MILNER) (1934). *A Life of One's Own*. London: Chatto & Windus. Harmondsworth: Penguin Books, 1952.

FOUCAULT, MICHEL (1966). *Les Mots et les choses.* Paris: Éditions Gallimard. Published in English under the title *The Order of Things.* London: Tavistock Publications; New York: Pantheon, 1970.

FREUD, ANNA (1965). *Normality and Pathology in Childhood.* London: Hogarth Press and the Institute of Psycho-Analysis.

FREUD, SIGMUND (1900). *The Interpretation of Dreams.* Standard Edition, Vols. 4 and 5.

—— (1923). *The Ego and the Id.* Standard Edition, Vol. 19.

—— (1939). *Moses and Monotheism.* Standard Edition, Vol. 23.

GILLESPIE, W. H. (1960). *The Edge of Objectivity: An Essay in the History of Scientific Ideas.* Princeton, N.J.: Princeton University Press.

GOUGH, D. (1962). The Behaviour of Infants in the First Year of Life. *Proc. Roy. Soc. Med.,* **55**.

GREENACRE, PHYLLIS (1960). Considerations regarding the Parent-Infant Relationship. *Int. J. Psycho-Anal.,* **41**.

HARTMANN, HEINZ (1939). *Ego Psychology and the Problem of Adaptation.* New York: International Universities Press; London: Imago, 1958.

HOFFER, WILLI (1949). Mouth, Hand, and Ego-Integration. *Psychoanal. Study Child,* **3/4**.

—— (1950). Development of the Body Ego. *Psychoanal. Study Child,* **5**.

KHAN, M. MASUD R. (1964). The Function of Intimacy and Acting Out in Perversions. In R. Slovenko (ed.), *Sexual Behavior and the Law.* Springfield, Ill.: Thomas.

—— (1969). On the Clinical Provision of Frustrations, Recognitions and Failures in the Analytic Situation. *Int. J. Psycho-Anal.,* **50**.

KLEIN, MELANIE (1932). *The Psycho-Analysis of Children.* Rev. edn. London: Hogarth Press and the Institute of Psycho-Analysis, 1949.

—— (1934). A Contribution to the Psychogenesis of Manic-Depressive States. In *Contributions to Psycho-Analysis 1921–1945.* London: Hogarth Press and the Institute of Psycho-Analysis, 1948.

—— (1940). Mourning and its relation to Manic-Depressive States. In *Contributions to Psycho-Analysis 1921–1945.*

—— (1957). *Envy and Gratitude.* London: Tavistock Publications.

KNIGHTS, L. C. (1946). *Explorations.* London: Chatto & Windus. Harmondsworth: Penguin Books (Peregrine series), 1964.

KRIS, ERNST (1951). Some Comments and Observations on Early Autoerotic Activities. *Psychoanal. Study Child,* **6**.

LACAN, JACQUES (1949). Le Stade du Miroir comme formateur de la fonction du je, telle qu'elle nous est révélée dans l'expérience psychanalytique. In *Écrits.* Paris: Éditions du Seuil, 1966.

LOMAS, P. (ed.) (1967). *The Predicament of the Family*. London: Hogarth Press and the Institute of Psycho-Analysis.
LOWENFELD, MARGARET (1935). *Play in Childhood*. Bath: Cedric Chivers, 1969.
MAHLER, MARGARET S. (1969). *On Human Symbiosis and the Vicissitudes of Individuation*. Vol. 1, *Infantile Psychosis*.. London: Hogarth Press and the Institute of Psycho-Analysis.
MIDDLEMORE, MERRELL P. (1941). *The Nursing Couple*. London: Hamish Hamilton Medical Books.
MILLER, ARTHUR (1963). *Jane's Blanket*. New York and London: Collier/Macmillan.
MILNE, A. A. (1926). *Winnie the Pooh*. London: Methuen.
MILNER, M. (1934). *A Life of One's Own*. See under 'Field, Joanna'.
—— (1952). Aspects of Symbolism in Comprehension of the Not-Self. *Int. J. Psycho-Anal.*, **33**.
—— (1957). *On Not Being Able to Paint*. Revised edn. London: Heinemann.
—— (1969). *The Hands of the Living God*. London: Hogarth Press and the Institute of Psycho-Analysis.
OPIE, IONA and PETER (eds.) (1951). *The Oxford Dictionary of Nursery Rhymes*. Oxford: Clarendon Press.
PLAUT, FRED (1966). Reflections about Not Being Able to Imagine. *J. Anal. Psychol.*, **11**.
RIVIERE, JOAN (1936). On the Genesis of Psychical Conflict in Earliest Infancy. *Int. J. Psycho-Anal.*, **17**.
SCHULZ, CHARLES M. (1959). *Peanuts Revisited – Favorites, Old and New*. New York: Holt, Rinehart & Winston.
SHAKESPEARE, WILLIAM. *Hamlet, Prince of Denmark*.
SOLOMON, JOSEPH C. (1962). Fixed Idea as an Internalized Transitional Object. *Amer. J. Psychotherapy*, **16**.
SPITZ, RENÉ (1962). Autoerotism Re-examined: The Role of Early Sexual Behaviour Patterns in Personality Formation. *Psychoanal. Study Child*, **17**.
STEVENSON, O. (1954). The First Treasured Possession: A Study of the Part Played by specially Loved Objects and Toys in the Lives of Certain Children. *Psychoanal. Study Child*, **9**.
TRILLING, LIONEL (1955). Freud: Within and Beyond Culture. In *Beyond Culture*. Harmondsworth: Penguin Books (Peregrine series), 1967.
WINNICOTT, D. W. (1931). *Clinical Notes on Disorders of Childhood*. London: Heinemann.

WINNICOTT, D. W. (1935). The Manic Defence. In *Collected Papers: Through Paediatrics to Psycho-Analysis*. London: Tavistock Publications, 1958.
—— (1941). The Observation of Infants in a Set Situation. Ibid.
—— (1945). Primitive Emotional Development. Ibid.
—— (1948). Paediatrics and Psychiatry. Ibid.
—— (1949). Mind and its Relation to the Psyche-Soma. Ibid.
—— (1951). Transitional Objects and Transitional Phenomena. Ibid.
—— (1952). Psychoses and Child Care. Ibid.
—— (1954). Metapsychological and Clinical Aspects of Regression within the Psycho-Analytical Set-up. Ibid.
—— (1956). Primary Maternal Preoccupation. Ibid.
—— (1958a). *Collected Papers: Through Paediatrics to Psycho-Analysis*. London: Tavistock Publications.
—— (1958b). The Capacity to be Alone. In *The Maturational Processes and the Facilitating Environment*. London: Hogarth Press and the Institute of Psycho-Analysis, 1965.
—— (1959–64). Classification: Is there a Psychoanalytic Contribution to Psychiatric Classification? Ibid.
—— (1960a). Ego Distortion in Terms of True and False Self. Ibid.
—— (1960b). The Theory of the Parent-Infant Relationship. Ibid.
—— (1962). Ego Integration in Child Development. Ibid.
—— (1963a). Communicating and Not Communicating leading to a Study of Certain Opposites. Ibid.
—— (1963b). Morals and Education. Ibid.
—— (1965). *The Maturational Processes and the Facilitating Environment*. London: Hogarth Press and The Institute of Psycho-Analysis.
—— (1966). Comment on Obsessional Neurosis and 'Frankie'. *Int. J. Psycho-Anal.*, **47**.
—— (1967a). The Location of Cultural Experience. *Int. J. Psycho-Anal.*, **48**.
—— (1967b). Mirror-role of Mother and Family in Child Development. In P. Lomas (ed.), *The Predicament of the Family: A Psycho-analytical Symposium*. London: Hogarth Press and the Institute of Psycho-Analysis.
—— (1968a). Playing: Its Theoretical Status in the Clinical Situation. *Int. J. Psycho-Anal.*, **49**.
—— (1968b). La Schizophrénie infantile en termes d'échec d'adaptation. In *Recherches*, (Special issue: 'Enfance aliénée', II), December. Paris.
—— (1971). *Therapeutic Consultations in Child Psychiatry*. London: Hogarth Press and the Institute of Psycho-Analysis.
WULFF, M. (1946). Fetishism and Object Choice in Early Childhood. *Psychoanal. Quart.*, **15**.